Eletroquímica

edusp

Eletroquímica

Princípios e Aplicações

Edson A. Ticianelli
Ernesto R. Gonzalez

1ª edição 1998
2ª edição 2005
2ª edição, 2ª reimpressão 2013

Dados Internacionais de Catalogação na Publicação (CIP)
(Câmara Brasileira do Livro, SP, Brasil)

Ticianelli, Edson Antonio
Eletroquímica: Princípios e Aplicações / Edson Antonio Ticianelli, Ernesto Rafael Gonzalez. – 2. ed., 2. reimpr. – São Paulo: Editora da Universidade de São Paulo, 2013. – (Acadêmica; 17)

Bibliografia.
ISBN 978-85-314-0424-5

1. Eletroquímica. I. Rafael Gonzalez, Ernesto. II. Título. III. Série.

97-5511 CDD-541.37

Índice para catálogo sistemático:
1. Eletroquímica: Físico-química 519.37

Edusp – Editora da Universidade de São Paulo
Rua da Praça do Relógio, 109-A, Cidade Universitária
05508-050 – São Paulo – SP – Brasil
Divisão Comercial: Tel. (11) 3091-4008 / 3091-4150
www.edusp.com.br – e-mail: edusp@usp.br

Printed in Brazil 2013

Foi feito o depósito legal

SUMÁRIO

Apresentação 9

Introdução 11

1 A Dupla Camada Elétrica 23
1.1 Introdução 23
1.2 Eletrodos Polarizados e Não-Polarizados 27
1.3 Eletrodos Idealmente Polarizados 28
1.4 A Equação Eletrocapilar 33
1.5 Medida e Análise das Curvas Eletrocapilares 40
1.6 Medida e Análise das Curvas de Capacidade 45
1.7 Modelos da Dupla Camada 49
1.8 Isotermas de Adsorção 64
1.9 Exemplos 67
1.10 Adsorção de Substâncias Neutras 71
1.11 Adsorção em Eletrodos Sólidos 75

2 Cinética dos Processos Eletródicos 77
2.1 Introdução 77

2.2 Polarização Eletródica 79
2.3 Polarização por Ativação 81
2.4 Polarização por Queda Ôhmica 101
2.5 Polarização por Transporte de Massa 104

3 Catálise e Inibição de Reações Eletroquímicas 127
3.1 Introdução 127
3.2 Eletrocatálise 128
3.3 Corrosão Metálica 143
3.4 Correlações entre Eletrocatálise e Corrosão 163

4 Conversão Eletroquímica de Energia 165
4.1 Introdução 165
4.2 Células a Combustível 167
4.3 Baterias Primárias 176
4.4 Baterias Secundárias 179

5 Processos Eletroquímicos Industriais 189
5.1 Introdução 189
5.2 Eletrólise da Água para Produção de Hidrogênio 191
5.3 Produção de Cloro e Soda Cáustica 198
5.4 Processos Envolvendo Elementos Metálicos 202
5.5 Processos Eletroquímicos Industriais Envolvendo Substâncias Orgânicas 213
5.6 Outros Processos Eletroquímicos de Interesse Prático 215

Sugestões para Leitura Adicional 219

APRESENTAÇÃO

As áreas de conhecimento tratadas neste livro estão relacionadas à Ciência Eletroquímica. O texto foi concebido para ser utilizado por estudantes de graduação em ciências exatas e por estudantes de pós-graduação em áreas interdisciplinares que tenham algum conhecimento prévio dos conceitos de termodinâmica eletroquímica, condutância eletrolítica e teoria dos eletrólitos. Não se trata, portanto, de um compêndio extensivo sobre a Eletroquímica, que pode ser encontrado em vários níveis de profundidade e em vários livros já publicados.

Na introdução faz-se uma breve revisão dos princípios acima apontados cujo objetivo é facilitar a leitura dos capítulos seguintes. Assim, são abordados os conceitos da lei de Faraday, do potencial químico e eletroquímico e da condutância eletrolítica.

No livro são apresentadas as teorias da dupla camada elétrica, os conceitos da cinética eletroquímica, que são descritos de forma sucinta, e os princípios básicos da eletrocatálise e da corrosão eletroquímica. Como exemplos práticos são apresentados os princípios e características dos sistemas eletroquímicos empregados na conversão eletroquímica de energia e dos utilizados em processos industriais. Em todos os casos é feita uma apresentação dos fenômenos em um nível não muito profundo, tendo em vista os objetivos já citados. Em algumas partes, para fins didáticos, alguns modelos simplificados foram utilizados para a apresentação e para o tratamento matemático dos fenômenos.

Resumindo, o conteúdo do texto visa fornecer uma idéia dos conceitos e aplicações da Eletroquímica. Considera-se que esta é a base necessária para uma abordagem inicial dos assuntos e que deverá preparar o aluno para a leitura de textos mais especializados.

Agradecemos à Profa. Dra. H. M. Villullas do IQ-Unesp-Araraquara e ao Prof. Dr. Yoshio Kewano do IQ-USP pela valiosa colaboração na revisão da primeira edição.

Introdução

O objetivo fundamental da Eletroquímica é o estudo de sistemas capazes de entregar trabalho útil elétrico a partir de reações de oxirredução (células galvânicas) ou de sistemas nos quais ocorrem processos de oxirredução ao receberem trabalho útil elétrico (eletrólise).

Os primeiros estudos eletroquímicos datam de 1786 e foram realizados por Galvani. Ele observou que uma perna de rã "moviase" quando a ela se aplicava uma diferença de potencial elétrico. Um dos pólos do elemento de descarga elétrica era fixado no nervo e o outro no músculo. Galvani imaginava que o sistema formava um capacitor, descarregando a sua eletricidade na perna.

Mais tarde, Volta verificou que o tecido da perna permitia a passagem da eletricidade, explicando o fenômeno. Nessa época, já eram conhecidos os condutores metálicos e, portanto, o novo condutor foi reconhecido como sendo um condutor eletrolítico. Entretanto, a maior descoberta de Volta foi a pilha voltaica em 1796, formada por chumbo e prata imersos em um eletrólito.

Seguiu-se imediatamente a descoberta da eletrólise da água, envolvendo a liberação de hidrogênio e oxigênio (Nicholson & Carlisle, 1800), a proposta do mecanismo de salto protônico para condução de eletricidade em soluções ácidas (Grotthuss, 1805) etc. Finalmente, em 1835 surgiram as leis de Faraday, que continuam sendo válidas até hoje, visto sua estreita relação com a estrutura fundamental da matéria. Foi Faraday quem introduziu termos eletroquímicos como íon, cátion, ânion, eletrodo, eletrólito etc., que são utilizados até hoje.

Sendo a condução de eletricidade a característica intrínseca dos materiais participantes, é apropriado considerar um sistema eletroquímico como composto por, no mínimo, dois condutores eletrônicos (chamados de eletrodos) separados por um condutor eletrolítico.

A LEI DE FARADAY

Ao se passar uma corrente elétrica através de uma interface metal/eletrólito, ocorrem reações químicas de oxidação ou de redução nas quais o metal pode, ou não, participar. Por exemplo, quando uma corrente elétrica positiva passa através de uma interface, tal como no caso de um eletrodo de prata metálica imerso em uma solução de um sal de prata solúvel, elétrons fluem através da interface no sentido inverso ao da corrente e simultaneamente íons prata fluem em direção ao interior da solução, ocorrendo a reação:

$$Ag \rightarrow Ag^{+} + e^{-} \ . \tag{0.1}$$

Existem outras possibilidades e um dos exemplos mais comuns é o caso de um eletrodo que não participa da reação. Por exemplo, em platina ou carbono imersos em uma solução de íons férrico:

$$Fe^{2+} \rightarrow Fe^{3+} + e^{-} \ . \tag{0.2}$$

A conclusão dos exemplos apresentados pode ser resumida da seguinte forma: "A passagem de uma corrente elétrica de um condutor metálico para um condutor eletrolítico, ou vice-versa, é sempre acompanhada por uma reação eletroquímica". Essa é a forma genérica do enunciado da lei de Faraday.

Quantitativamente, Faraday também propôs: "A magnitude do efeito químico, em equivalentes químicos, é a mesma tanto na superfície metálica quanto na solução eletrolítica e está determinada somente pela quantidade de eletricidade que passa". Isto corresponde a dizer que, se um equivalente de elétrons flui através de uma interface, um equivalente-grama da espécie envolvida no processo eletródico deverá ser oxidado ou reduzido. A carga correspondente a um equivalente de elétrons é tradicionalmente conhecida pelo nome do autor da lei (Faraday) e corresponde, matematicamente, a

$$F = Ne \tag{0.3}$$

onde F é Faraday, N é o número de Avogadro e e é a carga do elétron. Substituindo-se os valores de N e de e, obtém-se com boa aproximação $F = 96.500$ C.

Portanto, em uma eletrólise na qual a corrente é mantida constante, a massa de material envolvida em cada um dos processos eletródicos pode ser calculada pela relação

$$m = \frac{E_q \cdot I \cdot t}{F} , \tag{0.4}$$

onde I é a corrente, t é o tempo e E_q é o equivalente-grama da espécie envolvida no processo eletródico, ou seja,

$$E_q = \frac{mol}{n} , \tag{0.5}$$

sendo n o número de elétrons envolvidos na reação eletroquímica.

OBJETIVOS DA CIÊNCIA ELETROQUÍMICA

Como já foi dito, um sistema eletroquímico deve ser composto, no mínimo, por *dois* eletrodos (condutores eletrônicos) imersos em um eletrólito que transporta íons, conforme está esquematicamente representado na Figura 0.1. Observa-se que os eletrodos e o eletrólito são os componentes básicos onde ocorrem os fenômenos eletroquímicos. Assim, podem-se situar os estudos eletroquímicos como focalizados em dois objetivos principais e distintos: o estudo do(s) eletrodo(s) e o estudo do eletrólito.

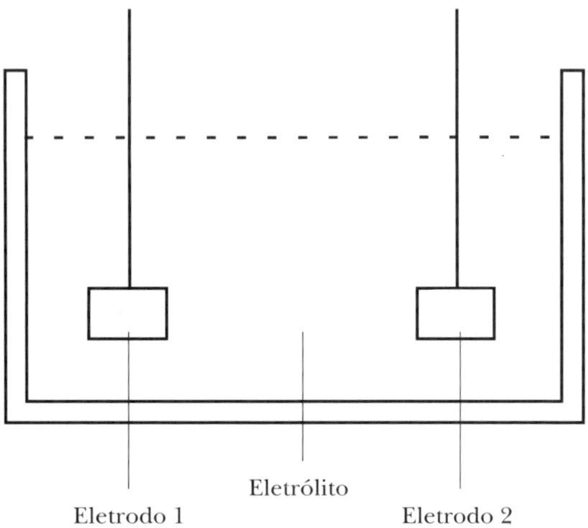

Figura 0.1 Esquema da configuração mínima de um sistema eletroquímico.

É importante observar que, quando uma corrente elétrica circula através do sistema, os componentes dele podem ou não estar sofrendo transformações químicas irreversíveis como, por exemplo, nos processos de corrosão metálica. Nestas circunstâncias, os estudos acima mencionados devem levar em conta se o sistema está ou não em seu estado de equilíbrio. Estes conceitos aplicam-se tanto aos sistemas espontâneos quanto aos não-espontâneos: no primeiro caso, a ligação dos eletrodos a uma fonte de eletricidade induz a ocorrência de um par de reações eletródicas que resultam no aparecimento da corrente elétrica. No segundo caso, a imposição de uma corrente elétrica resulta no aparecimento de um par de reações. Na ausência destes processos, o sistema estará em equilíbrio.

Diante deste quadro, os objetivos da Ciência Eletroquímica podem ser simplificadamente enquadrados dentro dos seguintes tópicos:

a. Estudos do Eletrólito
Podem ser realizados em condições de equilíbrio, ou seja, quando não circula corrente elétrica, enfocando-se os conceitos da termodinâmica dos eletrólitos, das teorias de dissociação eletrolítica, das teorias da interação íon-íon, íon-dipolo etc., e dos equilíbrios iônicos em solução. Em condições fora de equilíbrio, quando circula corrente elétrica, abordam-se os fenômenos de transporte de massa ou mais especificamente a difusão, a migração e a convecção. Nos cursos de graduação, o enfoque maior é geralmente dado aos fenômenos migratórios ou especificamente aos conceitos e teorias da condutância eletrolítica que, *grosso modo*, corresponde à descrição fenomenológica resultante da aplicação da lei de Ohm sobre um condutor eletrolítico.
b. Estudos da Interface Eletrodo/Solução
Como os fenômenos eletroquímicos ocorrem na interface eletrodo/solução, os estudos eletroquímicos se concentram freqüentemente nos processos que ocorrem nesta zona. Sob condições de equilíbrio, os estudos devem utilizar os conceitos da termodinânica eletroquímica para abordar os equilíbrios das reações e os equilibrios presentes nas interfaces, incluindo neste último caso, as teorias da *dupla camada elétrica* resultante da anisotropia de forças que ocorre quando duas fases com composições distintas são colocadas em contato. Em condições fora do equilíbrio, circula corrente elétrica ou ocorrem fenômenos de corrosão, a maioria dos estudos são realizados com base nos conceitos da *cinética eletroquímica.*

O fenômeno de passagem de corrente elétrica através de uma célula eletroquímica provoca um desequilíbrio no sistema, que pode ser de forma simplificada caracterizado pelos seguintes fenômenos que se manifestam no interior do sistema:

a. Necessariamente ocorre um par de reações nos eletrodos (transferência de carga).
b. Verifica-se a movimentação de espécies na solução eletrolítica (condução iônica).
c. Surge o fenômeno de polarização eletródica (deslocamento dos potenciais dos eletrodos), que é conseqüência dos dois anteriores.

Estes fenômenos são temas de estudo específicos da *cinética eletroquímica.* Neste livro, o enfoque principal será dado à ocorrência da reação eletroquímica, ou reação eletródica, e suas conseqüências sobre os valores dos potenciais eletródicos que são determinados pela velocidade intrínseca da reação e pelos processos de transporte de massa dela decorrentes que se manifestam no eletrólito. Entretanto, como a reação ocorre na interface eletrodo/solução, que é caracterizada pela existência de anisotropia de forças e pela presença de campos elétricos, será necessário abordar os fenômenos da dupla camada elétrica e as suas conseqüências para a velocidade das reações eletródicas.

A seguir será feita uma breve descrição de alguns conceitos que serão úteis no decorrer dos outros capítulos.

CONCEITOS DE TERMODINÂMICA ELETROQUÍMICA

Para qualquer sistema químico, a descrição do estado de equilíbrio de cada um de seus componentes pode ser feita através de uma grandeza denominada de *potencial químico.* Para o componente j define-se o potencial químico (μ_j) através da relação

$$\mu_j = \left(\frac{\partial G}{\partial x_j} \right)_{x_{i \neq j}, T, p} , \qquad (0.6)$$

onde G é a energia livre de Gibbs do sistema e x_j a fração molar da espécie j. O sistema encontra-se a temperatura T e pressão p. A base desta definição fundamenta-se no fato de o potencial químico representar "a variação de energia livre que ocorre (ou seja, o trabalho realizado) quando *um mol* do componente j é adicionado ao sistema, mantendo-se a composição com relação aos demais componentes, a temperatura e a pressão constantes".

Se um sistema está em equilíbrio, sua composição permanece inalterada em função do tempo, ou seja, de acordo com os conceitos acima, os potenciais químicos de seus componentes não variam com o tempo e são iguais em qualquer parte do sistema. Caso a última condição não seja satisfeita, as energias livres dos componentes seriam diferentes em locais ou fases, o que levaria a uma evolução de eventos, direcionando o sistema ao seu estado de menor energia, ou seja, o sistema estaria fora de seu estado de equilíbrio. Assim sendo, para o componente j presente em duas fases distintas que formam o mesmo sistema (fase α e fase β), o equilíbrio será descrito pela igualdade

$$\mu_j^{\alpha} = \mu_j^{\beta} \quad . \tag{0.7}$$

Para as duas fases que formam a interface eletrodo/solução eletrolítica, a descrição do equilíbrio deve considerar a presença dos campos elétricos ali existentes. Deste modo, a descrição do equilíbrio deve ser feita através do conceito mais completo denominado de *potencial eletroquímico.* Para uma certa espécie iônica j com valência z_j, o potencial eletroquímico relaciona-se com o potencial químico através da equação

$$\overline{\mu}_j = \mu_j + z_j F \varphi \quad , \tag{0.8}$$

onde F é a constante de Faraday e φ é o potencial elétrico ao qual a espécie estará submetida. Assim, o potencial eletroquímico terá um significado semelhante ao do potencial químico acima apresentado com a diferença de que também os componentes do trabalho elétrico são incluídos no trabalho total. A descrição de equilíbrio em termos de potencial eletroquímico é análoga a anterior, ou seja, para um sistema em que as fases α e β estão em contato entre si,

$$\overline{\mu}_j^{\alpha} = \overline{\mu}_j^{\beta} \tag{0.9}$$

$$\mu_j^{\alpha} + z_j F \varphi^{\alpha} = \mu_j^{\beta} + z_j F \varphi^{\beta} \quad , \tag{0.10}$$

de onde pode-se obter:

$$\Delta\varphi = \varphi^{\alpha} - \varphi^{\beta} = \frac{\mu_j^{\beta} - \mu_j^{\alpha}}{z_j F} \quad , \tag{0.11}$$

sendo que $\Delta\varphi$ representa a diferença de potencial elétrico existente entre as fases α e β. A equação 0.11 é a definição termodinâmica da diferença de potencial. Em um sistema eletroquímico, se as fases α e β forem o metal do eletrodo e a solução eletrolítica, respectivamente, $\Delta\varphi$ representará a diferença de potencial galvânico da interface eletrodo/solução.

O potencial químico de uma espécie em um determinado sistema é função de sua concentração, expressa em termos da fração molar. Para *soluções ideais* pode-se escrever:

$$\mu_j = \mu_j^o + RT \ln x_j \quad , \tag{0.12}$$

onde μ_j^0 é o potencial químico da espécie j em seu estado-padrão que neste caso corresponde ao componente puro(ou seja, $x = 1$). Para outra escala de concentração, um novo estado-padrão deverá ser definido. Por exemplo, se a escala molal (m) for empregada, o estado-padrão corresponderá à situação em que $m = 1$ que, obviamente, não é aquele correspondente ao componente puro.

Em soluções *não ideais* a concentração da espécie não pode ser diretamente empregada para o cálculo do potencial químico. Para estes casos, emprega-se uma escala termodinâmica de concentração denominada de *atividade* e simbolizada para o caso da espécie j como a_j. Assim, a expressão do potencial químico para os sistemas reais terá a forma:

$$\mu_j = \mu_j^o + RT \ln a_j \quad , \tag{0.13}$$

sendo, portanto, o estado-padrão aquele correspondente à situação em que a atividade do componente é unitária. A correlação entre as escalas termodinâmica e convencionais de concentração é feita em termos de um *coeficiente de atividade* γ de tal forma que, para a escala de fração molar,

$$a_j = \gamma_j x_j \quad , \tag{0.14}$$

sendo que γ_j resulta função de x_j. Assim, para calcular os valores de a_j e a partir destes os valores dos potenciais químicos, os correspondentes valores de γ_j devem ser conhecidos.

Uma forma de se obter os coeficientes de atividades é através da teoria de Debye-Huckel. Para soluções diluídas (concentrações da ordem de ou menores que 0,001M) de um eletrólito uni-univalente, pode-se empregar a seguinte relação obtida a partir da teoria de Debye-Huckel:

$$\log \gamma_j = -A\sqrt{x} \quad , \tag{0.15}$$

onde A é uma constante dependente apenas da constante dielétrica do solvente e da temperatura. Para água a 25°C, $A \cong 0{,}507$. Os leitores devem se referir a textos mais específicos para um aprofundamento neste assunto.

Outro conceito importante pode ser introduzido a partir da equação 0.11 e equações subseqüentes. Suponhamos que em uma interface eletrodo/solução se estabeleça o equilíbrio

$$M^{z+}(\text{metal}) \Leftrightarrow M^{z+}(\text{solução}) \tag{0.16}$$

através da equação 0.11 pode-se escrever:

$$\Delta\varphi = \varphi^s - \varphi^M = \frac{\mu_+^M - \mu_+^s}{z_+ F} \tag{0.17}$$

e assim, substituindo as equações para os potenciais químicos dadas pela equação 0.13 e observando que a concentração de M^{z+} no metal é uma constante correspondente à fração molar unitária, obtém-se:

$$\Delta\varphi = \frac{\mu_+^{o,M} - \mu_+^{o,s}}{z_+ F} - \frac{RT}{z_+ F} \ln a_{M^{z+}}$$

$$\Delta\varphi = \Delta\varphi^o - \frac{RT}{z_+ F} \ln a_{M^{z+}} \quad , \tag{0.18}$$

onde $a_{M^{z+}}$ é a atividade da espécie M^{z+} na solução. A expressão 0.18 é conhecida como *equação de Nernst* que, no presente caso, é válida para a interface galvânica considerada. Considerando as duas interfaces que formam os sistemas eletroquímicos (Figura 0.1) e assumindo que um dos eletrodos (o da esquerda) é o eletrodo-padrão de hidrogênio, para o qual define-se $\Delta\varphi = 0$, pode-se escrever a equação 0.18 na notação convencional em termos do potencial do eletrodo, ou seja, para o caso considerado

$$E = \Delta\varphi(\text{direita}) - \Delta\varphi(\text{esquerda})$$

$$E = E^{o} - \frac{RT}{z_{+}F}\ln a_{M^{z+}} \qquad (0.19)$$

ou, genericamente, considerando um caso qualquer,

$$E = E^{o} - \frac{RT}{nF}\ln\frac{\prod a^{v}(\text{produtos})}{\prod a^{v}(\text{reagentes})} \;, \qquad (0.20)$$

onde os termos no interior do logaritmo representam a produtória das atividades dos produtos e reagentes, cada uma delas elevadas aos respectivos coeficientes estequiométricos e n é o número de elétrons intercambiados na reação global da célula eletroquímica.

MECANISMOS DE TRANSPORTE E CONDUTÂNCIA ELETROLÍTICA

Há três formas pelas quais ocorrem movimentos de íons ou moléculas neutras em uma solução: difusão, convecção e migração.

DIFUSÃO

É o movimento de íons ou espécies neutras devido a existência de gradientes de potencial químico ou gradientes de concentração. Em um sistema eletroquímico, o fenômeno de difusão pode aparecer como conseqüência da reação eletródica. Como esta reação ocorre apenas na interface eletrodo/solução consumindo o reagente nesta região, sua concentração torna-se menor quando comparada com aquela do interior da solução. Quanto maior é a corrente, maior será o consumo de reagente e, portanto, maior será o decréscimo da concentração até que, no limite, para corrente muito elevada, a concentração superficial tenderá a zero. Nestas circunstâncias, o fenômeno difusional que é conseqüência dos gradientes de concentração controla o processo. Este assunto será tratado com maiores detalhes no capítulo 2.

CONVECÇÃO

É o movimento de íons ou espécies neutras resultante da agitação da solução. Por exemplo, reações exotérmicas podem produzir gradientes de temperatura e, como conseqüência, gradientes de densidade no interior do sistema eletroquímico que, por ação da gravidade, podem levar a circulação do eletrólito. Por outro lado, o fenômeno convectivo pode ser provocado por agitação externa como, por exemplo, no caso do eletrodo de disco rotatório que será objeto de maiores discussões no capítulo 2.

MIGRAÇÃO

É o movimento de espécies iônicas devido a ação de campos elétricos ou a gradientes de potencial elétricos. É o fenômeno responsável pela condução da eletricidade nos eletrólitos. Este assunto é bastante importante do ponto de vista eletroquímico e é tratado sistematicamente nos cursos regulares de eletroquímica. Alguns aspectos importantes deste assunto serão discutidos em seguida.

Qualquer condutor metálico ou eletrolítico é caracterizado por uma grandeza elétrica denominada de *resistência específica* ou *resistividade* (ρ). Uma porção de eletrólito com comprimento l e área A terá uma resistência elétrica que pode ser expressa pela relação

$$R = \rho \frac{l}{A} \quad , \tag{0.21}$$

onde as unidades mais adotadas são cm para l, cm^2 para A e Ωcm para ρ. Valores típicos da resistividade para os condutores eletrolíticos e condutores metálicos são, respectivamente, $\rho \cong 10\ \Omega\text{cm}$ para solução de KCl 1N e $\rho \cong 10^{-6}\ \Omega\text{cm}$ para o cobre metálico. Para soluções eletrolíticas é comum utilizar-se outra magnitude: a condutância específica ou condutividade do eletrólito κ, que é igual ao inverso da resistência específica. Comumente, esta magnitude é normalizada através da divisão pela concentração normal do eletrólito c, resultando na condutividade equivalente do eletrólito Λ:

$$\kappa = \frac{1}{\rho} \qquad \text{e} \qquad \Lambda = \frac{\kappa}{c}\ , \tag{0.22}$$

sendo as unidades expressas por:

$$\Lambda\ [\Omega^{-1}\text{cm}^{-1}eq^{-1}] \Rightarrow c\ [eq\ \text{cm}^{-3}];\ \kappa\ [\Omega^{-1}\text{cm}^{-1}] \quad \text{ou}$$

$$\Lambda\ [\Omega^{-1}\text{m}^{-1}eq^{-1}] \Rightarrow c\ [eq\ \text{m}^{-3}];\ \kappa\ [\Omega^{-1}\text{m}^{-1}].$$

Outro conceito importante introduzido na teoria da condutância eletrolítica é o do número de transporte (t_i) que representa a fração da corrente elétrica total transportada por uma dada espécie iônica presente na solução. O número de transporte é mensurável experimentalmente, o que permite introduzir o conceito de condutividade iônica equivalente ($\lambda_i = t_i \Lambda$) que representa a uma dada concentração a contribuição de cada espécie iônica à condutividade equivalente do eletrólito (por exemplo, para um eletrólito uni-univalente, $\Lambda = \lambda^+ + \lambda^-$). As medidas experimentais de Λ e de t mostram que estes parâmetros são dependentes da concentração do eletrólito, da temperatura e da natureza dos íons envolvidos no transporte da eletricidade. As causas específicas destas dependências não serão tratadas aqui, pois correspondem a temas normalmente tratados em livros regulares de eletroquímica.

Neste texto, algumas implicações muito importantes sobre as conseqüências do efeito resistivo no funcionamento dos reatores eletroquímicos serão discutidas no capítulo 2.

1

A DUPLA CAMADA ELÉTRICA

1.1 INTRODUÇÃO

A região fronteiriça entre duas fases com composições distintas é caracterizada pela presença de forças anisotrópicas. Um exemplo comum onde isto acontece é na interface água/ar, resultando no aparecimento do fenômeno de tensão superficial da água. Uma molécula de água no interior de um béquer contendo o líquido interage com as moléculas vizinhas de forma homogênea, dentro de uma região esférica centrada nesta molécula, sendo que as forças de interação não dependem da direção (forças isotrópicas). Entretanto, a situação de uma molécula situada na superfície do líquido e em contato com o ar é diferente. Na semi-esfera situada abaixo da superfície, a molécula interage com outras moléculas de água e na outra o contato se estabelece com as moléculas das espécies que formam o ar. E é desta anisotropia de forças que surge o fenômeno da tensão superficial e as demais propriedades características da interface.

Considerando agora um soluto iônico dissolvido em água, observa-se que o comportamento de um íon presente no interior da solução é governado por forças isotrópicas, enquanto que o comportamento do íon perto da superfície é governado por forças anisotrópicas. Assim, se a concentração deste íon for mapeada em função de sua posição, verificar-se-á que no interior da solução ela é sempre constante. Por outro lado, dependendo da componente total das forças anisotrópicas superficiais, nas regiões próximas à interface haverá um aumento ou uma diminuição da concentração do íon. Neste caso, como espécies carregadas eletricamente estão envolvidas, o resultado será uma distribuição desigual de cargas elétricas da qual se segue o aparecimento de uma diferença de potencial entre a superfície e o interior da solução. No caso das moléculas de água do exemplo anterior, e sendo elas dipolos elétricos, também se observará que a distribuição de potenciais não será uniforme devido às forças anisotrópicas, promovendo uma orientação preferencial desses dipolos.

Em uma interface eletrodo/solução eletrolítica, os fenômenos ocorrem de forma semelhante ao que foi descrito acima diferindo apenas no fato de que a queda de potencial entre o eletrodo e a solução pode ser controlada através de um circuito externo. A região fronteiriça neste caso é denominada de *dupla camada elétrica.* Na ausência de fatores externos, a anisotropia de forças, incluindo as forças eletrostáticas presentes nesta interface, resulta em acúmulo ou carência de determinadas espécies sobre a superfície interfacial em relação ao meio da solução (adsorção). Adicionalmente, deve levar-se em consideração que nas interfaces eletrodo/solução é possível impor uma diferença de potencial variável através de uma fonte externa. Isto permite controlar externamente a adsorção de cargas e dipolos. O perfil aproximado da variação da concentração de uma espécie para o caso da adsorção acumulativa é apresentado na Figura 1.1.

Para interfaces não submetidas a perturbações externas, a descrição quantitativa da adsorção na superfície de separação interfacial pode ser feita termodinamicamente através da equação de Gibbs, ou seja,

$$d\sigma = -\sum_i \Gamma_i \mu_i \quad (P,\ T = \text{constantes}), \tag{1.1}$$

onde σ é a tensão superficial, ou seja, o trabalho superficial reversível necessário para aumentar a superfície de separação interfacial em uma unidade de área; μ_i é o potencial químico do componente *i* e Γ_i é uma grandeza interfacial denominada de excesso superficial, neste caso, também do componente *i*. Esta magnitude nada mais é do que a quantidade de espécies *i* que deve ser introduzida no sistema para que a composição da fase volumétrica fique constante ao se aumentar em uma unidade a superfície interfacial.

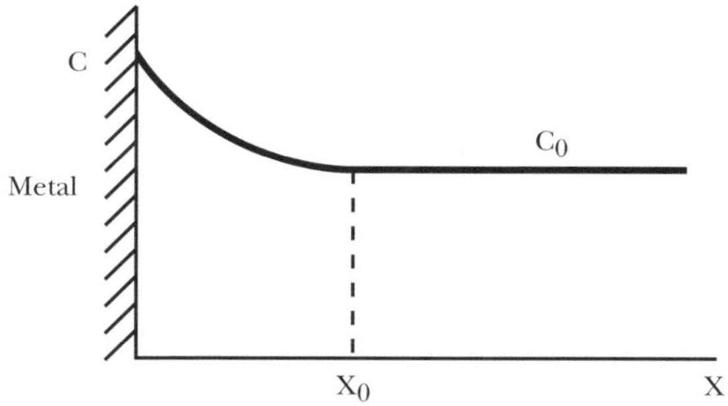

Figura 1.1 Perfil de concentração para a adsorção acumulativa de espécies; $x = 0$ correponde à interface eletrodo/solução. A partir de x_o as propriedades do eletrólito são constates e correspondem àquelas do interior da solução.

É importante notar a diferença que há entre Γ_i e a concentração superficial $\mathcal{C}_i$, ou seja, a quantidade do componente *i* adsorvido por unidade de área, ou mesmo entre Γ_i, e a concentração volumétrica C_i, que é a quantidade do componente *i* por unidade de volume. Simplificadamente

$$\Gamma_i = \mathcal{C}_i - \mathcal{C}_i^o \tag{1.2}$$

ou, em termos do gráfico da Figura 1.1,

$$\Gamma_i = \int_0^{x_o} C_i\,dx - C_i^o x_o \quad , \tag{1.3}$$

onde $\mathcal{C}_i^o$ é a concentração da espécie *i* no interior da solução contida em uma faixa de espessura igual à da dupla camada (x_o) e expressa em moles por unidade de área e C_i^0 é a concentração da mesma espécie também no interior da solução, porém expressa em moles por unidade de volume. Desta forma, o excesso superficial caracteriza a variação da composição da camada superficial em comparação com a de um sistema no qual a concentração se manteria uniforme até o plano que define a interface ($x = 0$ na Figura 1.1). Para calcular a concentração superficial de uma espécie e a partir desta o excesso superficial, é necessário adotar modelos para a dupla camada, que serão tratados mais adiante.

A adsorção de espécies na interface eletrodo/solução envolve tanto íons quanto dipolos. Na Figura 1.2 ilustra-se esta situação, para o caso de um eletrodo contendo cargas superficiais (q^M) positivas, observando-se também que, devido a presença de cargas no

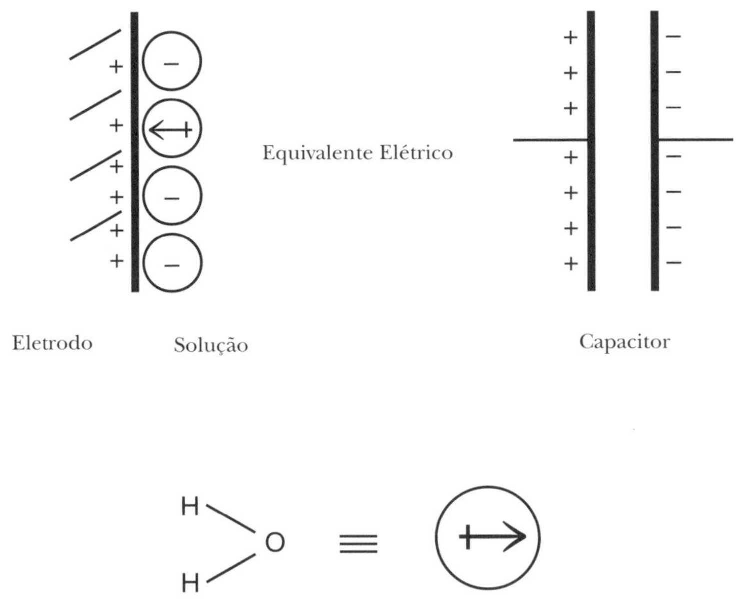

Figura 1.2 Ilustração do fenômeno de adsorção para o caso de um eletrodo carregado positivamente. O equivalente elétrico da dupla camada é um capacitor, no caso da figura, ilustrado como sendo de placas planas e paralelas.

metal, a distribuição não uniforme de íons e a orientação preferencial de dipolos, ocorre uma diferença de potencial elétrico ($\Delta\varphi$) entre o metal e a solução eletrolítica. Devido a estes componentes elétricos e visto que podem ser controlados externamente, conforme será estudado mais adiante, a equação de Gibbs não pode ser diretamente empregada no equacionamento dos fenômenos da dupla camada, pois ela não inclui o trabalho elétrico que contribui a determinado valor da tensão superficial. Para considerar essa contribuição é necessário observar que na ausência de transferência de carga através da interface a condição termodinâmica de equilíbrio exige que a interface seja eletricamente neutra. Isto equivale a dizer que a uma dada carga no eletrodo corresponderá uma carga igual e de sinal oposto na solução. Assim, na sua forma mais simplificada, a interface pode ser considerada como um capacitor de placas paralelas (Figura 1.2). Utilizando-se este modelo simples de capacitor da Figura 1.2, observa-se que este trabalho pode ser expresso pelo produto da carga pelo diferencial da diferença de potencial entre as placas, ou seja, $-q^M d(\Delta\varphi)$. Introduzindo-se este termo na equação de Gibbs, obtém-se

$$d\sigma = -q^M d(\Delta\varphi) - \sum_i \Gamma_i \, d\mu_i \qquad (P,\ T = \text{constantes}). \tag{1.4}$$

1.2 ELETRODOS POLARIZADOS E NÃO-POLARIZADOS

De acordo com os usos comuns em eletroquímica, o termo *eletrodo* utiliza-se indistintamente para denominar o material que compõe o condutor eletrônico (por exemplo: eletrodo de prata) ou esse material mais o componente principal da solução eletrolítica (por exemplo: eletrodo de Ag/Ag^+, indicando um eletrodo de prata imerso em uma solução que contém íons prata).

Quando se injeta uma carga elétrica em um eletrodo através de uma fonte externa podem acontecer duas situações extremas:

a. A carga acumula-se na interface eletrodo/solução. Neste caso, a diferença de potencial através da interface depende da carga injetada, o que ilustra a forma de controlar externamente essa diferença. Neste caso, o eletrodo se diz *polarizado*. Um exemplo desta situação seria a injeção de cargas moderadas num eletrodo de prata imerso em uma solução que não contém íons Ag^+ ou outros capazes de transferir carga para o eletrodo de prata.
b. A carga injetada escoa através da interface sendo transferida a alguma das espécies em solução. Assumindo que essa transferência seja infinitamente rápida, será observado que a diferença de potencial através da interface permanece inalterada. Neste caso, o eletrodo se diz *não-polarizado*. Um exemplo desta situação seria um eletrodo de prata em equilíbrio com uma solução que contém íons Ag^+. Os sistemas comprovadamente estáveis e que mantêm o potencial inalterado através do escoamento rápido de cargas injetadas são os mais indicados para serem usados como eletrodos de referência, conforme será visto mais adiante.

1.3 ELETRODOS IDEALMENTE POLARIZADOS

Nas seções anteriores observou-se que:

a. A dupla camada sempre se forma quando duas fases são colocadas em contacto.
b. Para um eletrodo imerso em uma solução, existe uma região interfacial com espessura de alguns angströns, onde ocorrem os fenômenos eletroquímicos, cujas propriedades são anisotrópicas.
c. Há uma diferença de potencial elétrico entre o eletrodo e o interior da solução.
d. Esta diferença de potencial resulta da adsorção de íons e de dipolos, também podendo haver um componente que tenha sido imposto externamente.

Para muitos sistemas eletródicos, a diferença de potencial interfacial ($\Delta\varphi$) é da ordem de 0,5 V, enquanto que a espessura da dupla camada (x_o) é da ordem de 10 Å, indicando que o campo elétrico na região ($\Delta\varphi/x_o$) é da ordem de 5 x 10^6 V/cm. Este valor consideravelmente elevado ressalta a importância do estudo da dupla camada, pois é sob a influência do campo elétrico que ocorrem as reações eletroquímicas.

Embora muito importantes, verifica-se que os valores de $\Delta\varphi$ não podem ser medidos experimentalmente por causa da impossibilidade termodinâmica de se medir diferenças de potencial entre fases com diferentes composições químicas (como se deduz a partir da aplicação da equação 0.8 aos elétrons) e também porque os sistemas eletroquímicos devem ser compostos necessariamente por, no mínimo, dois eletrodos. Assim, considerando que os terminais do aparelho de medida são da mesma composição, a diferença de potencial medida é a variação entre as diferenças de potenciais de duas interfaces (Figura 1.3).

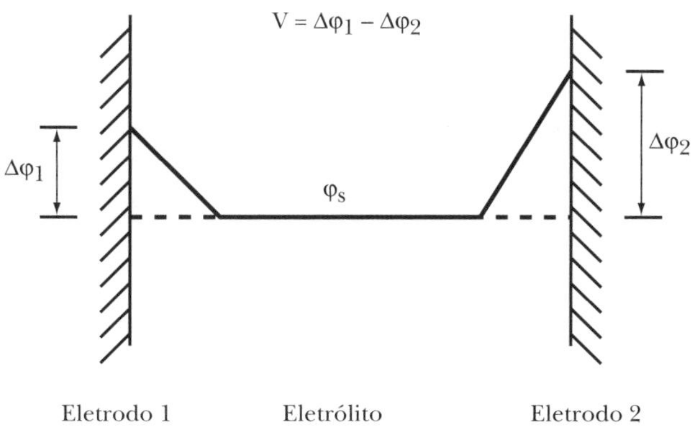

Figura 1.3 Diferenças de potenciais esquemáticas entre os dois eletrodos que compõem o sistema eletroquímico. $\Delta\varphi_1$ = diferença de potencial na interface 1; $\Delta\varphi_2$ = diferença de potencial na interface 2; V = diferença de potencial entre os eletrodos e φ_s = potencial elétrico da solução eletrolítica.

Na verdade, este é um problema que afeta não somente os estudos de dupla camada, mas também os estudos de termodinâmica eletroquímica e de cinética eletroquímica. Em termodinâmica, por exemplo, para contornar o problema da medida de potenciais eletródicos individuais, elegeu-se um eletrodo de referência — o eletrodo-padrão de hidrogênio — que seria o segundo do sistema eletroquímico e para o qual, convencionalmente, se atribuiu o valor $\Delta\varphi = 0$. Nos estudos de dupla camada, normalmente adota-se o seguinte procedimento:

a. Aplica-se uma perturbação elétrica na interface do eletrodo em estudo.
b. Seleciona-se o segundo eletrodo de forma que os fenômenos que ocorram em sua interface não sejam afetados por esta perturbação (eletrodo de referência, não polarizável).
c. Medem-se as variações que ocorrem em $\Delta\varphi$ como função desta perturbação elétrica.

Assim sendo, como $V = \Delta\varphi_1 - \Delta\varphi_2$ e $\Delta\varphi_2$ é independente da perturbação (P), $(dV/dP) = (d\Delta\varphi_1/dP)$, ou seja, as variações da diferença de potencial entre os eletrodos em função da perturbação são decorrentes apenas das variações que ocorrem na interface em estudo. Um exemplo concreto da aplicação destes conceitos é a obtenção experimental de curvas eletrocapilares, conforme será apresentado mais adiante.

Os conceitos e equações termodinâmicas que se aplicam à dupla camada elétrica são válidos para interfaces em equilíbrio onde não estejam ocorrrendo reações eletroquímicas, ou seja, em eletrodos polarizados. Assim, a maioria dos estudos são efetuados tendo como perturbação elétrica aplicada à interface em estudo (item *a*, acima) as variações impostas externamente à diferença de potencial de equilíbrio desta interface. Por exemplo, utilizando-se um potenciostato, pode-se aumentar ou dimimuir a diferença de potencial através da interface, ou seja, fazer com que $\Delta\varphi$ seja maior ou menor. Entretanto, um cuidado importante deve ser tomado para que os valores de $\Delta\varphi$, negativos ou positivos, não sejam muito elevados, de forma que não induza a ocorrência de uma reação eletródica. No intervalo de diferenças de potencial em que isto ocorre, diz-se que o *eletrodo* está *idealmente polarizado* ou que a interface eletrodo/solução é *idealmente polarizável*, e nestas circunstâncias os fenômenos estão apenas relacionados com a reacomodação de íons e/ou dipolos, alterando a estrutura e a composição da dupla camada para cada valor do $\Delta\varphi$ aplicado. Um exemplo comum é o eletrodo de mercúrio imerso em uma solução de HCl 0,1 M. No intervalo de potenciais entre –0,7 V e 0,2 V, medido em relação ao eletrodo reversível de hidrogênio, nenhuma reação eletroquímica ocorre. Abaixo de –0,7 V acontece a reação de redução do H^+:

$$2H^+ + 2e^- \rightarrow H_2 \ , \tag{1.5}$$

enquanto que acima de 0,2 V ocorre a reação de oxidação do mercúrio do eletrodo:

$$2Hg + 2Cl^- \rightarrow Hg_2Cl_2 + 2e^- \ . \tag{1.6}$$

Por outro lado, existem sistemas experimentais em que é praticamente impossível estabelecer um intervalo de potenciais no qual o eletrodo se comporte como idealmente polarizado. Um exemplo disto seria um eletrodo de platina imerso em uma solução 0,1M de HCl. Neste caso, as regiões de potencial onde acontecem a adsorção de hidrogênio ($H^+ + e^- \rightarrow H^o$) e a oxidação da platina ($Pt + HO^- - e^- \rightarrow PtOH$) praticamente se superpõem. Numa situação extrema, pode-se considerar o eletrodo de mercúrio com a superfície recoberta por um filme de calomelano (Hg_2Cl_2, sal insolúvel) imerso em uma solução de HCl. Para este eletrodo, na medida em que se tenta mudar externamente $\Delta\varphi$, alterando o seu valor de equilíbrio natural, a interface reage provocando uma reação eletroquímica anódica ou catódica (escoamento de cargas), dependendo do sinal da perturbação (reação 1.6 acima, em equilíbrio). O resultado é que o valor de $\Delta\varphi$ permanece praticamente inalterado. Este tipo de eletrodo é *não-polarizável*, como já foi discutido.

Em laboratório, é bastante comum utilizarem-se células com três eletrodos para a realização das medidas experimentais, conforme está ilustrado no esquema da Figura 1.4. O potenciostato é um equipamento eletrônico de resposta muito rápida que controla a diferença de potencial entre o eletrodo de trabalho e o de referência. Esta pode ser mantida fixa ou variar de forma predeterminada, através de uma perturbação introduzida no potenciostato. Como já foi discutido, variações desta diferença de potencial se traduzem em variações em $\Delta\varphi_1$. Na prática este sistema pode ser utilizado em estudos de dupla camada elétrica, por exemplo, nos estudos da variação da tensão superficial em função de $\Delta\varphi_1$, ou seja, em função de E (curvas eletrocapilares), conforme será tratado em detalhe mais adiante.

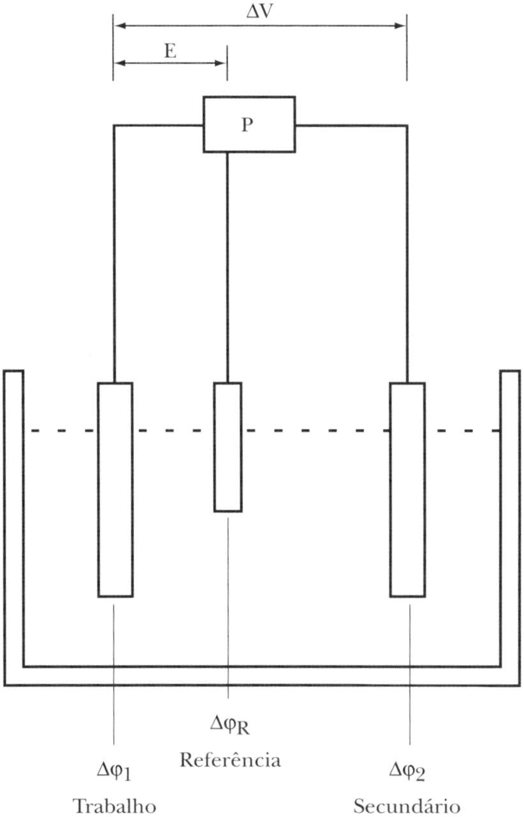

Figura 1.4 Representação esquemática de uma célula eletroquímica com três eletrodos, utilizada para a realização de medidas em laboratório. E = diferença de potencial entre o eletrodo de trabalho e o de referência. ΔV = diferença de potencial entre o eletrodo de trabalho e o secundário. $\Delta \varphi_i$ = diferença de potencial entre a superfície do metal e o interior da solução eletrolítica.

1.4 A EQUAÇÃO ELETROCAPILAR

Considere o sistema eletroquímico com uma gota de mercúrio imersa em uma solução qualquer, mas que não contenha íons mercúrio ou íons que possam transferir carga com o mercúrio, como eletrodo de trabalho, conforme é ilustrado na Figura 1.5.

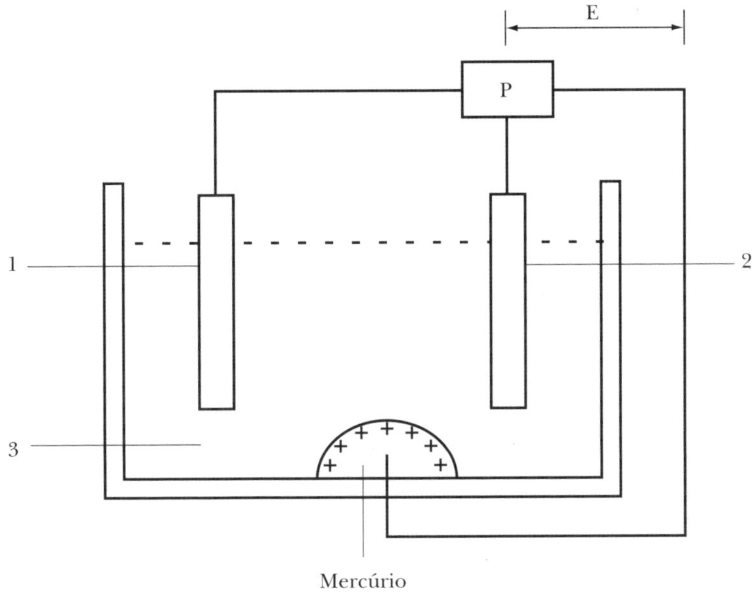

Figura 1.5 Célula eletroquímica contendo uma gota de mercúrio como eletrodo de trabalho: (1) eletrodo secundário ou eletrodo auxiliar; (2) eletrodo de referência; (3) eletrólito; (*P*) potenciostato; (*E*) diferença de potencial entre o eletrodo de trabalho e o eletrodo de referência.

Considere ainda que, devido ao potencial aplicado, a gota de mercúrio tenha a sua superfície carregada positivamente em uma situação análoga àquela considerada na Figura 1.2. Isto corresponde a dizer que sobre a superfície do metal forma-se uma camada de átomos de mercúrio ionizados positivamente (Hg^{+}) e sobre a interface do lado da solução ocorre um acúmulo de cargas negativas. Ao sistema interfacial em estudo aplica-se a equação 1.4, ou seja,

$$d\sigma = -q^M d(\Delta\varphi_1) - \sum_i \Gamma_i \, d\mu_i \quad . \tag{1.7}$$

Substituindo a diferencial da expressão já conhecida do potencial químico (equação 0.13)

$$\mu_i = \mu_i^o + RT \ln a_i \ , \tag{1.8}$$

ou seja,

$$d\mu_i = RTd\ln a_i \ . \tag{1.9}$$

Assim, a equação de Gibbs resulta em

$$d\sigma = -q^M d(\Delta\varphi_1) - RT\sum_i \Gamma_i \, d\ln a_i \quad . \tag{1.10}$$

Conforme visto na seção anterior, para um sistema com três eletrodos a grandeza mensurável experimentalmente é a diferença de potencial entre o eletrodo de trabalho e o de referência, ou seja,

$$E = \Delta\varphi_1 - \Delta\varphi_R \tag{1.11}$$

Assim, substituindo-se esta última equação na equação 1.10, obtém-se a *equação eletrocapilar* que tem a forma:

$$d\sigma = -q^M \mathrm{d}E - q^M d(\Delta\varphi_R) - RT\sum_i \Gamma_i d\ln a_i \tag{1.12}$$

e que correlaciona as variações da tensão superficial com variáveis que podem ser controladas experimentalmente, como é o caso do potencial do eletrodo e das atividades (concentrações) das espécies em solução envolvidas no processo de adsorção.

1.4.1 Análise da Equação Eletrocapilar em Função do Potencial do Eletrodo, Mantendo-se a Composição da Solução Constante

No estudo de uma solução onde se determinam as variações da tensão superficial em função do potencial, mantendo constante as concentrações das espécies, tem-se:

$$d\ln a_i = 0 \ , \tag{1.13}$$

pois não se está variando a composição da solução. Por outro lado, deve-se também observar que, de acordo com o circuito de três eletrodos da Figura 1.4, alterações externas no valor E não produzem qualquer mudança no valor de $\Delta\varphi_R$, de forma que $d(\Delta\varphi_R) = 0$. Assim, para este caso, a equação eletrocapilar toma a forma:

$$d\sigma = -q^M dE \tag{1.14}$$

de onde resulta:

$$\left(\frac{\partial \sigma}{\partial E}\right)_{a_i} = -q^M \tag{1.15}$$

indicando que a inclinação (coeficiente angular) da curva eletrocapilar (σ *versus* E) dá como resultado o valor da carga sobre o metal. Esta equação é conhecida como *equação de Lippmann.*

Conforme foi visto anteriormente, a dupla camada elétrica pode ser associada a um capacitor como um circuito elétrico equivalente. Portanto, as leis que regem o comportamento elétrico dos capacitores também podem ser aplicadas à dupla camada elétrica, sendo uma delas relacionada com a capacidade elétrica (C). Esta grandeza se define comumente como a relação entre a carga acumulada em uma das placas do capacitor e o potencial aplicado. Entretanto, quando a capacidade é a função do potencial aplicado, torna-se necessário definir a capacidade diferencial na forma:

$$C = \frac{dq}{dV} \quad , \tag{1.16}$$

onde q é a carga acumulada nas placas do capacitor e V é a diferença de potencial entre elas. Nesta analogia, para a dupla camada, pode-se escrever:

$$C = \frac{dq^M}{d(\Delta\varphi_1)} = \frac{dq^M}{dE} \tag{1.17}$$

ou em termos da equação de Lippmann

$$C = -\left(\frac{\partial^2\sigma}{dE^2}\right)_{a_i} \quad . \tag{1.18}$$

De forma análoga a um capacitor, para a dupla camada, pelo princípio da eletroneutralidade, pode-se considerar que a carga acumulada no metal é igual e de sinal contrário à carga acumulada na solução (q^s), ou seja,

$$q^M = -q^s \tag{1.19}$$

e assim, aplicando-se a lei de Faraday para uma solução formada por íons com valência z_i

$$q^s = -q^M = F\sum_i z_i\Gamma_i \tag{1.20}$$

ou para um eletrólito binário composto por apenas uma espécie de cátions e ânions

$$-\ q^M = F(z_+\Gamma_+ - |z_-|\Gamma_-) \tag{1.21}$$

onde z_+ e z_- são as valências dos íons do eletrólito.

1.4.2 *Análise em Função da Composição da Solução, para* E *Constante*

Considerando-se a situação em que se fixa o potencial do eletrodo e se varia a concentração (atividade) das espécies em solução, a equação eletrocapilar pode ser reescrita para $dE = 0$:

$$d\sigma = -q^M d(\Delta\varphi_R) - RT\sum_i \Gamma_i d\ln a_i \quad . \tag{1.22}$$

Neste caso, a mudança na composição da solução pode alterar o valor do potencial do eletrodo de referência, ou seja, $\Delta\varphi_R$. Esta mudança pode ser calculada através da equação de Nernst, que, para o caso de um único íon determinante do potencial na solução, toma a forma (Introdução):

$$\Delta\varphi_R = \Delta\varphi_R^o - \frac{RT}{nF}\ln a_j \quad , \tag{1.23}$$

onde a_j é a atividade do íon que determina o potencial do eletrodo de referência.

Assumindo-se que este potencial seja determinado pela atividade do ânion, ou seja, $a_j = a_-$, a diferencial da diferença de potencial no eletrodo de referência será dada por:

$$d\left(\Delta\varphi_R\right) = -\frac{RT}{|z_-|F} d\ln a_- \quad . \tag{1.24}$$

Um outro ponto a ser considerado é a expansão do somatório do segundo termo da equação 1.22 que deve englobar todos os componentes do sistema inclusive o solvente. Assim, para um eletrólito binário dissolvido em água

$$\sum_i \Gamma_i d\ln a_i = \Gamma_+ d\ln a_+ + \Gamma_- d\ln a_- + \Gamma_a d\ln a_a \quad , \tag{1.25}$$

onde a_a é atividade da água. Esta equação pode ser simplificada considerando a equação de Gibbs-Duhem expressa em termos das respectivas frações molares (x_i)

$$x_+ d\ln a_+ + x_- d\ln a_- + x_a d\ln a_a = 0 \tag{1.26}$$

que substituída na equação 1.25 resulta:

$$\sum_i \Gamma_i d\ln a_i = \left(\Gamma_+ - \frac{x_+}{x_a}\Gamma_a\right)d\ln a_+ + \left(\Gamma_- - \frac{x_-}{x_a}\Gamma_a\right)d\ln a_- \quad . \tag{1.27}$$

Os termos

$$\Gamma_+^r = \Gamma_+ - (x_+/x_a)\Gamma_a \qquad \text{e} \qquad \Gamma_-^r = \Gamma_- - (x_-/x_a)\Gamma_a$$

são usualmente denominados de *excesso superficial relativo.* Entretanto, deve-se notar que a concentração do solvente, nas soluções comumente utilizadas, é sempre muito maior que a do soluto (e assim $x_+/x_a \to 0$ e $x_-/x_a \to 0$) o que permite observar que $\Gamma_+^r \cong \Gamma_+$ e $\Gamma_-^r \cong \Gamma_-$. Adotando-se esta aproximação, a equação 1.27 pode ser reescrita:

$$\sum_i \Gamma_i d\ln a_i \cong \Gamma_+ d\ln a_+ + \Gamma_- d\ln a_- \quad . \tag{1.28}$$

Substituindo as equações 1.24 e 1.28 na equação 1.22:

$$d\sigma = \frac{q^M RT}{|z_-|F} d\ln a_- - RT(\Gamma_+ d\ln a_+ + \Gamma_- d\ln a_-) \quad . \tag{1.29}$$

Além disto, substituindo-se a equação 1.21 e restringindo a análise para eletrólitos em que $z_+ = |z_-|$, obtém-se:

$$d\sigma = -RT(\Gamma_+ - \Gamma_-)d\ln a_- - RT(\Gamma_+ d\ln a_+ + \Gamma_- d\ln a_-) \tag{1.30}$$

ou seja,

$$d\sigma = -RT\ \Gamma_+\left(d\ln a_+ a_-\right)\ . \qquad (1.31)$$

As atividades iônicas individuais estão relacionadas com a atividade iônica média $a_\pm$ do eletrólito, expressa pela relação:

$$a_\pm = \left(a_+^{\upsilon^+}\ a_-^{\upsilon^-}\right)^{1/\left(\upsilon^+ + \upsilon^-\right)}\ , \qquad (1.32)$$

onde υ^+ e υ^- são os coeficientes estequiométricos do cátion e do ânion, respectivamente. Considerando as valências dos íons iguais e restringindo, por simplicidade, a análise a eletrólitos univalentes para os quais $\upsilon^+ = \upsilon^- = 1$, pode-se escrever a partir das equações 1.31 e 1.32 que

$$-\frac{1}{2RT}\left(\frac{\partial\sigma}{\partial\ln a_\pm}\right)_{E_-} = \Gamma_+\ , \qquad (1.33)$$

onde E_- indica que o eletrodo de referência é reversível ao ânion do eletrólito.

Esta equação, combinada com aquela obtida a partir da análise à composição constante para um sistema semelhante,

$$q^M = -F\left(z_+\Gamma_+ + z_-\Gamma_-\right)\ , \qquad (1.34)$$

fornece os meios para se calcular os valores dos excessos superficiais de cátions e ânions adsorvidos sobre a superfície eletródica. Deve-se lembrar que a expressão 1.33 foi derivada assumindo-se a utilização de um eletrodo de referência *reversível ao ânion* do eletrólito. Para um eletrodo de referência *reversível ao cátion*, pode-se demonstrar, analogamente ao caso anterior, que

$$-\frac{1}{2RT}\left(\frac{\partial\sigma}{\partial\ln a_\pm}\right)_{E_+} = \Gamma_-\ . \qquad (1.35)$$

1.5 MEDIDA E ANÁLISE DAS CURVAS ELETROCAPILARES

Conforme já mencionado, as curvas eletrocapilares são os gráficos obtidos da variação da tensão superficial em função do potencial aplicado ao eletrodo em estudo, mantendo a composição da solução constante. Para eletrodos metálicos líquidos (Hg, Ga e algumas ligas contendo estes metais), a tensão superficial pode ser medida experimentalmente com certa facilidade como função de E ou como função da composição da solução. Dois dos métodos que podem ser utilizados serão descritos a seguir.

No método do eletrômetro capilar, o metal líquido encontra-se dentro de um tubo vertical com um capilar no extremo inferior submergido na solução em estudo e submetido a uma diferença de potencial, conforme ilustra a Figura 1.6. A superfície de separação eletrodo/solução encontra-se no interior do capilar e a posição da fronteira pode ser acompanhada com auxílio de um microscópio.

A força de gravidade tende a escoar o metal líquido enquanto que a tensão superficial gera uma força em sentido contrário. Com o posicionamento adequado da altura da coluna de mercúrio (h) pode-se antingir um equilíbrio de forças, mantendo-se o menisco em uma posição estável. A variação do potencial do eletrodo ou da composição da solução varia a magnitude da tensão superficial e, por conseguinte, a posição do menisco, que pode ser reajustada novamente à posição inicial através do reposicionamento da altura da coluna de mercúrio.

Verifica-se que o valor da tensão superficial (σ) é proporcional ao valor de h, ou seja,

$$\sigma = k h \quad , \tag{1.36}$$

onde k é uma constante de proporcionalidade que depende exclusivamente das características do sistema de medida (por exemplo, do raio do capilar). O valor desta constante pode ser determinado através do uso de uma solução-padrão cujo valor de σ é conhecido a um certo potencial, medindo-se o valor de h correspondente.

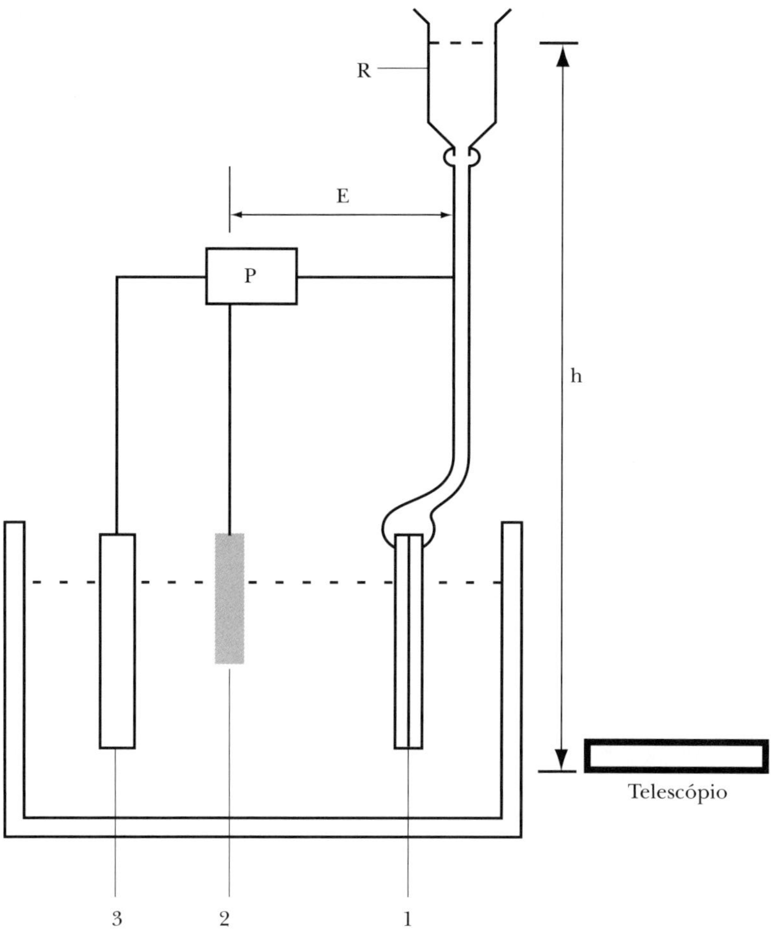

Figura 1.6 Método do eletrômetro capilar para as medidas de tensão superficial: (1) tubo de vidro capilar contendo mercúrio; (2) eletrodo de referência; (3) eletrodo auxiliar; (*P*) potenciostato; (*E*) diferença de potencial entre o eletrodo de trabalho e o eletrodo de referência; (*h*) altura da coluna de mercúrio; (*R*) reservatório de mercúrio.

Outro método de medida está relacionado com o uso de um eletrodo gotejador de mercúrio, cujo diagrama esquemático é semelhante ao do caso anterior. Neste caso, a coluna de mercúrio é ajustada de forma a se manter um gotejamento constante de mercúrio. Este método é baseado na hipótese de que a força-peso da gota (Q)

corrigida pela força-peso da solução deslocada (αQ) é igual à força que retém a gota (f), no exato instante de queda:

$$f = \alpha Q \tag{1.37}$$

onde

$$\alpha = \left(\frac{\rho_{Hg} - \rho_{soln}}{\rho_{Hg}} \right) , \tag{1.38}$$

sendo ρ_{Hg} e ρ_{soln} as densidades do mercúrio e da solução eletrolítica. A força-peso da gota no instante da queda pode ser calculada a partir do fluxo de mercúrio no capilar (ϕ), do tempo de gotejamento (t) e da aceleração da gravidade, através da relação

$$Q = \phi \, t \, g \ . \tag{1.39}$$

Por outro lado, a força que retém a gota (f) correlaciona-se com a tensão superficial através da relação

$$f = 2 \pi r \sigma \ , \tag{1.40}$$

onde r é o raio do capilar. Assim, combinando-se as equações acima obtém-se

$$2 \pi r \sigma = \alpha \phi \, t \, g \ , \tag{1.41}$$

ou seja,

$$\sigma = \frac{\alpha \phi t g}{2 \pi r} \ . \tag{1.42}$$

Segue-se por esta equação que a tensão superficial é proporcional ao tempo de gotejamento. Assim, para cada valor do potencial do eletrodo ou da composição da solução, o valor da tensão superficial pode ser determinado a partir da medida dos tempos de gotejamento. Outros valores necessários para os cálculos são o fluxo de mercúrio, o raio do capilar, a densidade do mercúrio, a densidade da solução e a aceleração da gravidade que são todos acessíveis experimentalmente. Vale destacar que as medidas de tempo de gotejamento devem ser realizadas com precisão de 0,01s (ou ainda melhor 0,001s) para se obterem resultados comparáveis com os fornecidos pelo eletrômetro capilar.

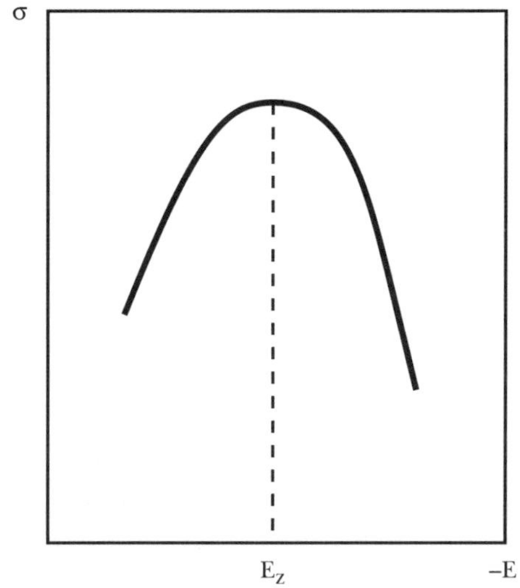

Figura 1.7 Formato típico de uma curva eletrocapilar. E_z correponde ao potencial de carga zero ou potencial do máximo eletrocapilar.

A Figura 1.7 ilustra o formato típico de uma curva eletrocapilar que corresponde aproximadamente a uma parábola invertida. De acordo com o procedimento usual a abscissa representa potenciais negativos. A aplicação da equação de Lippmann (equação 1.15) sobre os dados da curva eletrocapilar permite a seguinte análise:

a. Lado esquerdo da linha tracejada

$$\left(\frac{\partial \sigma}{\partial E}\right) < 0 \Rightarrow q^M > 0 \quad . \qquad (1.43)$$

Isto indica que a carga acumulada na superfície do metal é positiva, o que permite dizer que neste ramo da curva eletrocapilar, ou mais corretamente, no intervalo de potenciais considerado, as condições favorecem a adsorção de ânions.

b. Lado direito da linha tracejada

$$\left(\frac{\partial \sigma}{\partial E}\right) > 0 \Rightarrow q^M < 0 \quad , \tag{1.44}$$

indicando, contrariamente ao caso anterior, que no intervalo de potenciais considerado as condições favorecem a adsorção de cátions.

c. Na linha tracejada

$$\left(\frac{\partial \sigma}{\partial E}\right) = 0 \Rightarrow q^M = 0 \quad , \tag{1.45}$$

ou seja, as quantidades de ânions e cátions adsorvidos são iguais, já que a carga na interface do lado da solução também deve ser nula. O potencial em que isto ocorre é denominado de *potencial de carga zero* ou *potencial do máximo eletrocapilar* (E_z) e o seu conceito é de extrema relevância para a análise de vários fenômenos observados em diversos ramos, não somente da eletroquímica como da química em geral.

A aplicação da equação de Lippmann (equação 1.15) permite calcular o valor da carga acumulada sobre a superfície do metal em todo o intervalo de potenciais da curva eletrocapilar. Adicionalmente, a aplicação das equações 1.17 ou 1.18 permite, em princípio, registrar as variações da capacidade da dupla camada em todo o intervalo de potenciais. Entretanto, deve-se mencionar que a obtenção da capacidade a partir da tensão superficial requer uma dupla diferenciação, o que implica em erros consideráveis. Os perfis genéricos das curvas que podem ser obtidas em ambos os casos estão apresentados na Figura 1.8. É importante notar neste ponto que a curva de capacidade, pelas razões apontadas, é freqüentemente obtida experimentalmente, conforme será abordado na próxima seção.

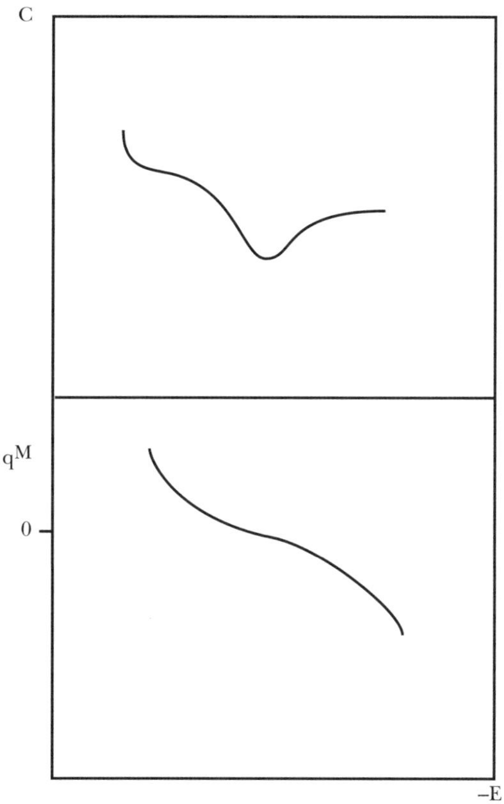

Figura 1.8 Formato típico das curvas de capacidade e da carga sobre o metal em função do potencial do eletrodo de trabalho. Curvas derivadas a partir de curvas eletrocapilares.

1.6 MEDIDA E ANÁLISE DAS CURVAS DE CAPACIDADE

As medidas de capacidade permitem de forma análoga ao caso anterior a determinação dos parâmetros da dupla camada, com a vantagem de que, neste caso, podem também ser utilizados eletrodos sólidos. Deve-se mencionar que algumas dificuldades práticas são encontradas quando um eletrodo sólido ou quando um eletrodo líquido estacionário é utilizado para tais medidas. Estas estão relacionadas com um inevitável acúmulo de impurezas na superfície do eletrodo que pode-se processar ao longo do tempo, na medida em que experiências são realizadas. Assim, medições deste tipo requerem um rigoroso cuidado quanto à pureza dos reagentes a serem utilizados, ou mais freqüentemente, quanto à pureza do solvente que corresponde ao componente majoritário do eletrólito e que, portanto, pode ser a fonte maior de problemas. Nos eletrodos líquidos gotejantes estes problemas são menores devido à constante renovação da superfície eletródica promovida pelo gotejamento e pela movimentação interna freqüente dos átomos que compõem o metal líquido.

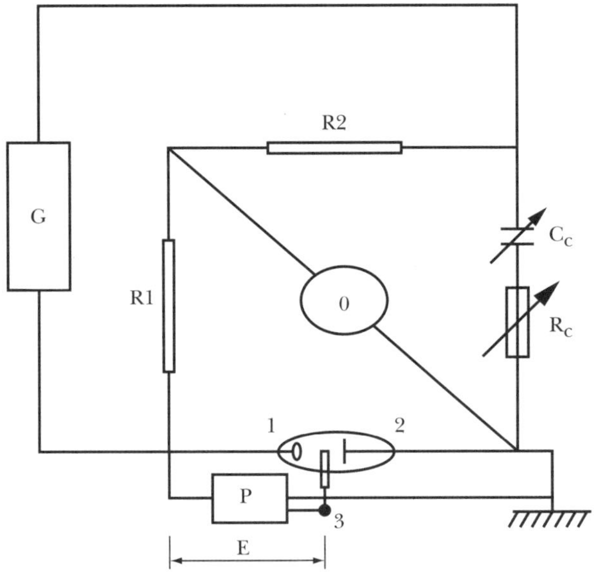

Figura 1.9 Esquema de circuito elétrico com ponte, para determinação da capacidade da dupla camada: (1) eletrodo de trabalho; (2) eletrodo auxiliar; (3) eletrodo de referência; (*G*) gerador de onda alternada; (*P*) potenciostato; (*O*) osciloscópio; (*E*) diferença de potencial entre o eletrodo de trabalho e o eletrodo de referência; (*R*1, *R*2) resistências padrão; (*Rc*) resistência variável; (*Cc*) capacitor variável.

Para a determinação experimental da capacidade da dupla camada pode ser utilizada uma ponte de impedâncias de corrente alternada, conforme esquematizado na Figura 1.9. O potenciostato (P) controla o potencial do eletrodo de trabalho (E). Sobre este potencial é aplicado um sinal de potencial alternado de baixa magnitude (≅ 5-10 mV, pico a pico), sendo as respostas da corrente acompanhadas através do osciloscópio (O). Equilibra-se a ponte de corrente alternada através de ajustes nos valores de R_c e de C_c, até que não seja detectada a passagem de corrente no osciloscópio, para cada valor de E aplicado. A partir dos valores conhecidos C_c, pode-se calcular a capacidade do eletrodo de trabalho (C_x), considerando-se que a célula pode ser representada por um circuito elétrico equivalente do tipo:

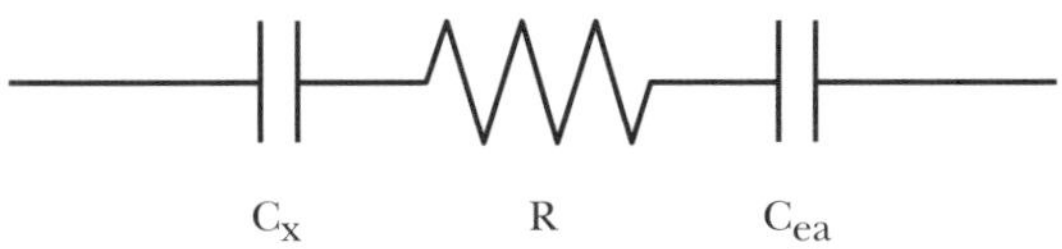

Assim, quando a ponte está equilibrada, obtém-se:

$$\frac{1}{C_c} = \frac{1}{C_x} + \frac{1}{C_{ea}} \quad , \tag{1.46}$$

onde C_{ea} é a capacidade do eletrodo auxiliar (ou eletrodo secundário). Utilizando-se um eletrodo secundário de área 100-1 000 vezes maior que a do eletrodo de trabalho, sua capacidade será também muito maior que a do eletrodo de trabalho. Nestas condições, o valor de $1/C_{ea} << 1/C_x$, de forma que $C_c \approx C_x$.

Um método mais moderno, introduzido na década de 70 para a determinação da capacidade, envolve a utilização de um amplificador síncrono (*lock-in*) em lugar do osciloscópio, conforme ilustra o diagrama da Figura 1.10. O aparelho pode medir instantaneamente a corrente em fase (I_1) e a corrente fora de fase (em quadratura, I_2)

em relação ao potencial alternado, demonstrando-se que para estas condições (considerando-se também que a área do eletrodo de trabalho é muito menor que a do eletrodo auxiliar):

$$C_x = \frac{1}{wV}\left(\frac{(I_1)^2 + (I_2)^2}{I_2}\right), \tag{1.47}$$

onde $w = 2\pi f$ (f é a freqüência do sinal alternado) e V o potencial de pico do sinal alternado.

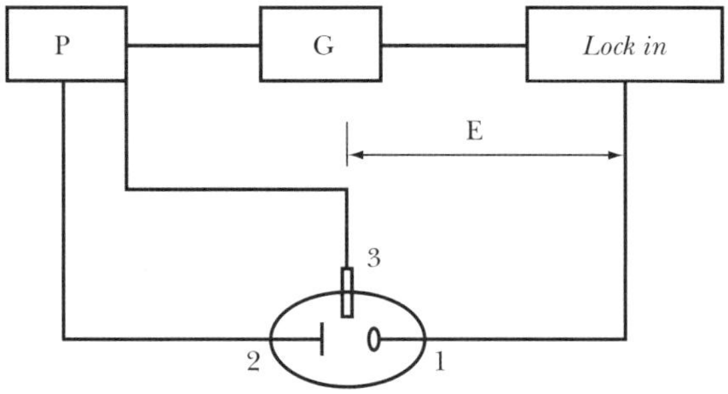

Figura 1.10 Esquema elétrico da aparelhagem usada para a medida da capacidade da dupla camada utilizando-se um *lock in*: (P) potenciostato; (G) gerador de onda alternada senoidal; (E) diferença de potencial entre o eletrodo de trabalho e o de referência; (1) eletrodo de trabalho; (2) eletrodo auxiliar; (3) eletrodo de referência.

Em ambos os métodos de medida, o valor de C_x pode ser expresso por unidade de área do eletrodo, dividindo-se o valor obtido experimentalmente pela sua área. Outra observação importante que pode ser feita para os dois métodos é que se o sistema está em equilíbrio, C_x independe de f. Na prática isto ocorre, na maioria dos casos, para valores de freqüência no intervalo de 150 a 1 300 Hz. Abaixo destes valores, fenômenos convectivos associados à vibração mecânica natural que inevitavelmente ocorrem podem levar a valores errôneos de C_x. Acima deste intervalo, o sinal alternado pode ser mais rápido que a resposta dos fenômenos interfaciais à perturbação aplicada, o que levaria a um estado não estacionário da interface em estudo.

Através dos valores de C_x determinados por qualquer um dos métodos em função do potencial do eletrodo e da concentração do eletrólito, os outros parâmetros que caracterizam a dupla camada podem ser derivados utilizando-se o seguinte conjunto de equações derivado a partir das equações 1.17 e 1.18:

$$q^M = \int_{E_z}^{E} C\,dE \tag{1.48}$$

$$\sigma - \sigma_{max} = -\int_{E_z}^{E} q^M dE = \iint C dE^2 \ , \tag{1.49}$$

onde σ_{max} é a tensão superficial no potencial de carga zero. Se as medidas forem realizadas utilizando-se um eletrodo de referência reversível ao ânion para um eletrólito binário, pode-se também determinar Γ_+ e Γ_- através das equações já apresentadas anteriormente:

$$q^M = -F(z_+\Gamma_+ + |z_-|\,\Gamma_-) \tag{1.50}$$

$$-\frac{1}{RT}\left(\frac{\partial \sigma}{\partial \ln a_\pm}\right)_{E_-} = \Gamma_+ \ . \tag{1.51}$$

Deve-se notar que a equação 1.48 não requer constante de integração, já que em E_z a carga é nula. A aplicação da equação 1.49 requer o conhecimento da tensão superficial para, pelo menos, um valor de potencial.

1.7 MODELOS DA DUPLA CAMADA

Os princípios básicos empregados para o desenvolvimento dos conceitos e equações apresentados nas seções anteriores são de origem puramente termodinâmica. A única noção modelística utilizada até agora com finalidade didática para dar uma noção do sistema físico em estudo foi a apresentada na Figura 1.2.

1.7.1 Modelo de Helmholtz

O primeiro modelo para descrever a estrutura física da dupla camada foi proposto por Helmholtz em 1853 e corresponde ao modelo de um *capacitor de placas paralelas*, conforme brevemente discutido na Figura 1.2 para um eletrodo com superfície plana. A placa no lado da solução não tem uma existência física concreta correspondendo a um alinhamento de íons do mesmo sinal localizado a uma distância *d* da superfície eletródica.

Utilizando-se a expressão da capacidade elétrica para um capacitor deste tipo,

$$C = \frac{\varepsilon\varepsilon_0}{d} \quad , \tag{1.52}$$

onde ε é a constante dielétrica adimensional do meio e ε_0 é a constante dielétrica no vácuo, as seguintes correlações podem ser derivadas para os parâmetros que caracterizam a dupla camada:

a. Aplicando-se a equação 1.48

$$q^M = \int_{E_z}^{E} C dE = \int_{E_z}^{E} \frac{\varepsilon\varepsilon_0}{d} dE = \frac{\varepsilon\varepsilon_0}{d}\left(E - E_z\right) \tag{1.53}$$

b. Aplicando-se a equação 1.49

$$\sigma - \sigma_{\max} = -\int_{E_z}^{E} q^M dE = -\int_{E_z}^{E} \frac{\varepsilon\varepsilon_0}{d}\left(E - E_z\right) dE \quad , \tag{1.54}$$

ou seja,

$$\sigma = \sigma_{\max} - \frac{\varepsilon\varepsilon_0}{d} \frac{\left(E - E_z\right)^2}{2} \quad . \tag{1.55}$$

As limitações do modelo de Helmholtz aparecem imediatamente quando se comparam as previsões fornecidas pelas equações 1.52, 1.53 e 1.55 com as respostas experimentais dos sistemas mais comuns, conforme foram delineadas nas Figuras 1.7 e 1.8. Assim, a equação 1.52 mostra que a capacidade da dupla camada é independente do potencial eletródico, fato que não é confirmado experimentalmente. A equação 1.53 mostra que a carga sobre o metal varia linearmente com o potencial, que também não é confirmado experimentalmente. E finalmente a equação 1.55 mostra que a curva eletrocapilar deveria ser simétrica em torno do potencial do máximo eletrocapilar, fato que também não é observado experimentalmente. Entretanto, apesar de as limitações serem bastante importantes do ponto de vista quantitativo, o modelo de Helmholtz tem o grande mérito de poder prever o formato qualitativo das respostas experimentais, em particular o perfil das curvas eletrocapilares e o perfil da curva da carga acumulada sobre a superfície metálica.

1.7.2 Modelo de Gouy-Chapman

Na tentativa de superar as limitações do modelo de Helmholtz, outro modelo para a dupla camada foi proposto independentemente por Gouy em 1910 e Chapman em 1913, denominado de *modelo da camada difusa* ou modelo de Gouy-Chapman. Neste caso, os autores consideraram que os íons que formam a placa do capacitor do lado da solução eletrolítica não estão efetivamente alinhados a uma distância fixa do eletrodo, mas formam parte de uma camada volumétrica difusa. Devido a interações eletrostáticas, esses íons têm as suas concentrações aumentadas ou diminuídas nas vizinhanças do eletrodo quando comparadas com aquelas no interior da solução. O perfil da concentração destes íons assumiria uma forma semelhante ao que foi apresentado na Figura 1.1, para o caso de íons com cargas de sinal oposto a do eletrodo.

Gouy e Chapman fizeram o tratamento matemático deste modelo, considerando as seguintes aproximações:

a. Os íons que formam a camada difusa foram assumidos como cargas pontuais.
b. As interações desses íons com a superfície eletródica foram assumidas como governadas por forças puramente eletrostáticas. Assim, íons com cargas do mesmo sinal daquele da superfície eletródica são repelidos enquanto íons com carga de sinal oposto são atraídos, resultando em uma distribuição não uniforme de cargas e de potencial elétrico. A equação de Poisson foi utilizada para estabelecer a variação do potencial elétrico em função da distância do eletrodo. Para isto é necessário considerar como fixo o valor médio temporal da posição dos íons, negligenciando a agitação térmica.
c. O perfil da concentração iônica em função da distância ou do potencial elétrico foi calculado utilizando-se a lei de distribuição de Boltzmann.
d. O solvente foi considerado um meio contínuo e suas propriedades consideradas somente através da constante dielétrica.

O ponto de partida para se obter a expressão do potencial elétrico em função da distância do eletrodo é a equação de Poisson, neste caso para o sistema cartesiano de coordenadas em uma dimensão (x):

$$\frac{d^2\varphi}{dx^2} = -\frac{4\pi\rho}{\varepsilon} \quad , \tag{1.56}$$

onde φ é o potencial, ρ a densidade de carga à distância x do eletrodo e ε é a constante dielétrica do solvente. A densidade de carga está dada pela lei de Faraday:

$$\rho = \sum z_i F c_i(x) \quad , \tag{1.57}$$

onde $c_i(x)$ é a concentração do íon i à distância x do eletrodo, z_i a valência do íon e F a constante de Faraday. O somatório se extende a todas as espécies iônicas na solução. A concentração $c_i(x)$ pode ser obtida introduzindo a equação de Boltzmann:

$$c_i(x) = c_i^0 \exp\left(-\frac{z_i F\varphi}{RT}\right) \quad , \tag{1.58}$$

onde c_i^0 é a concentração do íon no meio da solução.

Combinando as equações 1.56-1.58 e introduzindo a notação $f = F/RT$ e a identidade matemática

$$\frac{d^2\varphi}{dx^2} = \frac{1}{2}\frac{d}{d\varphi}\left(\frac{d\varphi}{dx}\right)^2$$

obtém-se:

$$\left(\frac{d\varphi}{dx}\right)^2 = -\frac{8\pi}{\varepsilon}\sum z_i F c_i^0 \exp(-z_i f\varphi)d\varphi \quad . \tag{1.59}$$

Esta equação pode ser integrada entre $x = x_2$ (onde $\varphi = \varphi_2$) e $x = \infty$ (onde $\varphi = 0$ e $d\varphi/dx = 0$). Assim obtém-se:

$$\left(\left|\frac{d\varphi}{dx}\right|_{x_2}\right)^2 = \frac{8\pi RT}{\varepsilon}\sum c_i^0\left(\exp(-z_i f\varphi_2) - 1\right) \quad . \tag{1.60}$$

A região compreendida entre x_2 e ∞ é chamada de camada difusa. Por razões que serão vistas mais adiante, a integração é feita a partir de x_2 e não de $x = 0$ (superfície do eletrodo). A carga na camada difusa (q^d) está relacionada com a derivada do potencial através do teorema de Gauss:

$$-4\pi q^d = \varepsilon\left|\frac{d\varphi}{dx}\right|_{x_2} \quad . \tag{1.61}$$

Portanto, substituindo a equação 1.60 na 1.61

$$-q^d = \left[\frac{RT\varepsilon}{2\pi}\sum c_i^0[\exp(-z_i f\varphi_2) - 1]\right]^{1/2} \quad . \tag{1.62}$$

No caso de a solução conter um único eletrólito e ser simétrico ($z_+ = z_- = z$) resulta:

$$-q^d = A\left[\exp(zf\varphi_2) + \exp(-zf\varphi_2) - 2\right]^{1/2} = 2A\,senh\frac{|z|}{2}f\varphi_2 \quad , \tag{1.63}$$

onde

$$A = \left(\frac{RT\varepsilon c^o}{2\pi}\right)^{1/2}$$

e a função senh (seno hiperbólico) tem o significado para a variável x dado por senh$x = (e^x - e^{-x})/2$.

A capacidade diferencial pode ser obtida por derivação da expressão 1.63, ou seja, a capacidade da camada difusa é:

$$C^d = \frac{dq^d}{d\varphi} = |z| fA\cosh\frac{|z|}{2}f\varphi_2 \quad . \tag{1.64}$$

A Figura 1.11 mostra a comparação de curvas experimentais para NaF com aquela teórica obtida através da equação 1.64. A curva teórica acompanha os resultados experimentais em uma região muito restrita de potenciais e apenas em soluções diluídas. Deste ponto de vista, a teoria de Gouy-Chapman parece fornecer resultados inferiores aos do modelo muito mais simples de Helmholtz.

1.7.3 Propostas de Stern, Grahame e Bockris

Em 1924, Stern sugeriu que o problema da teoria de Gouy-Chapman incidia sobre a necessidade de considerar, a partir da comparação da equação 1.64 com os resultados experimentais, que a distribuição difusa dos íons iniciava-se na superfície do eletrodo. Entretanto, devido à presença do solvente e das camadas de solvatação, os íons somente poderiam aproximar-se da superfície até uma certa distância de máxima aproximação, conforme está mostrado esquematicamente na Figura 1.12. Assim, φ_2 seria o potencial do plano que passa pelos centros dos íons que, por sua vez, se

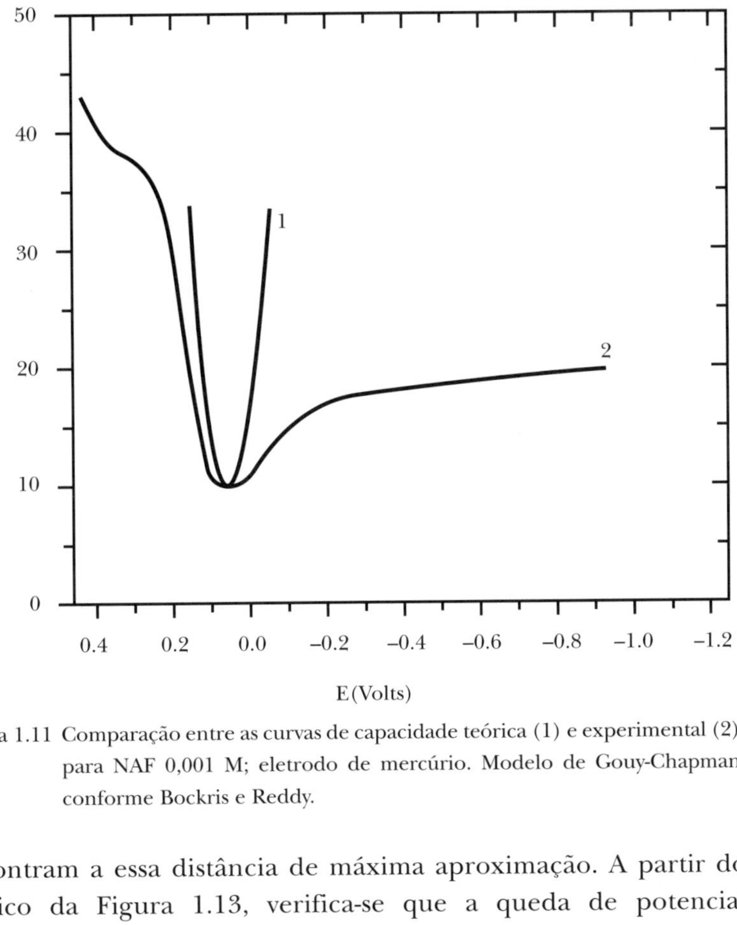

Figura 1.11 Comparação entre as curvas de capacidade teórica (1) e experimental (2), para NAF 0,001 M; eletrodo de mercúrio. Modelo de Gouy-Chapman, conforme Bockris e Reddy.

encontram a essa distância de máxima aproximação. A partir do gráfico da Figura 1.13, verifica-se que a queda de potencial metal/solução (φ_{m-s}) terá duas componentes:

$$\varphi_{m-s} = \varphi_{m-2} + \varphi_{2-s} \;, \tag{1.65}$$

onde o subíndice 2 indica o plano de máxima aproximação, também chamado de *plano de Helmholtz externo* (pHe — Figuras 1.12 e 1.13). Da equação 1.65 deduz-se:

$$\frac{\partial \varphi_{m-s}}{\partial q} = \frac{\partial \varphi_{m-2}}{\partial q} + \frac{\partial \varphi_{2-s}}{\partial q} \quad , \tag{1.66}$$

ou seja,

$$\frac{1}{C^{\exp}} = \frac{1}{C^i} + \frac{1}{C^d} \quad , \tag{1.67}$$

onde C^i é a capacidade diferencial da camada interna (do metal ao pHe) e C^d a capacidade da camada difusa.

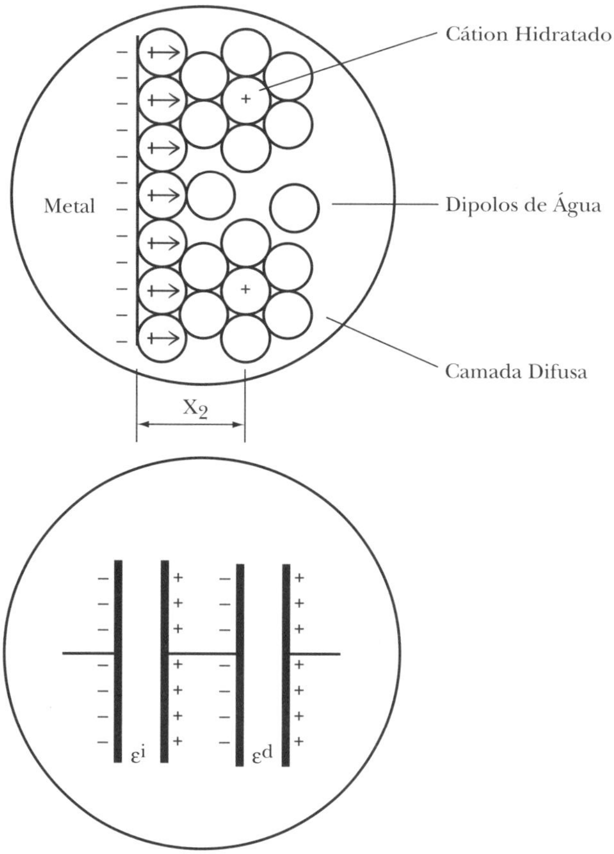

Figura 1.12 Dupla camada formada por dipolos de água adsorvidos sobre a superfície eletródica; x_2 é a distância até o plano de Helmholtz externo, indicando a posição de ínicio da camada difusa de Gouy-Chapman. Abaixo: equivalente elétrico, representado por dois capacitores ligados eletricamente em série. ε^i = constante dielétrica da água no interior do plano de Helmholtz externo; ε^d = constante dielétrica da água na camada difusa.

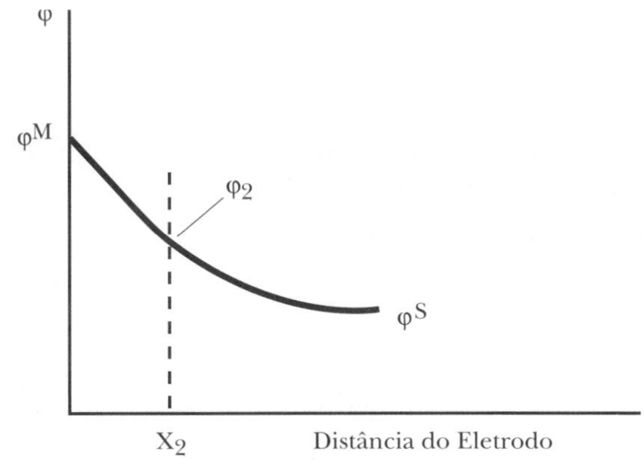

Figura 1.13 Variação do potencial elétrico em função da distância do eletrodo: φ_2 é o potencial no plano de Helmholtz externo; φ^s é o potencial elétrico no interior da solução eletrolítica.

Esta proposta de Stern não pode ser explorada com maior profundidade por falta de um modelo que permitisse obter C^i como função do potencial. Entretanto, Grahame planejou um experimento elegante para trabalhar com a proposta de Stern. Da equação 1.64 resulta que, através do parâmetro A, a capacidade C^d é tanto maior quanto maior for a concentração do eletrólito. Assim, em concentrações elevadas o valor de C^d é elevado, e o termo $1/C^d$ da equação 1.67 teria pouco peso, sendo $1/C^i$ o termo dominante. Trabalhando em solução concentrada (perto de 1 M) de NaF (o motivo do uso deste sal será esclarecido mais adiante) Grahame obteve experimentalmente a curva de C^{exp} *versus* E e, por integração, a correspondente curva de q^M *versus* E. Em seguida, assumindo a validade da teoria de Gouy-Chapman ($q^M = -q^d$), utilizou as equações 1.63 e 1.64 para calcular a curva de C^d *versus* E. Finalmente, por comparação das curvas de C^{exp} *versus* E e C^d *versus* E e com o uso da equação 1.67, obteve a correspondente curva de C^i *versus* E.

Assumindo que C^i é independente da concentração do eletrólito, as equações 1.63, 1.64, 1.67 e os valores de C^i calculados nas condições anteriores foram utilizados para o cálculo de C^{exp} para outras concentrações do eletrólito. A comparação entre as curvas teórica e experimental da capacidade da dupla camada em função do potencial do eletrodo para o modelo Stern/Grahame é dada aproximadamente pelos gráficos da Figura 1.14, para a concentação de NaF 0,001 M. A aproximação das curvas teórica e experimental da Figura 1.14 foi possível adotando-se um valor de $x_2 \cong 3$ Å (Figura 1.12) que pode ser considerado um valor realístico. Adicionalmente, um valor de $\varepsilon \cong 30$ foi empregado para a constante dielétrica da água contida no interior da camada de Helmholtz e, portanto, muito menor que aquele normal da água ($\varepsilon = 80$). Tal valor para a constante dielétrica da água é explicado pelo elevado grau de orientação dos dipolos promovido pelo elevado campo elétrico existente nas regiões próximas à superfície eletródica. A comparação com os resultados experimentais foi satisfatória, indicando que a interpretação de Stern sobre a aplicabilidade da teoria de Gouy-Chapman era essencialmente correta.

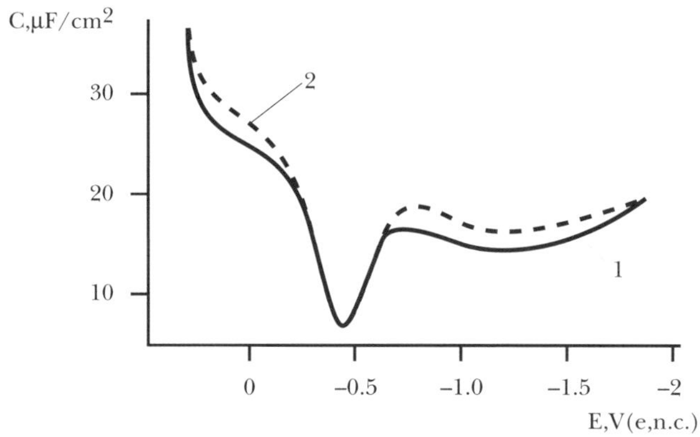

Figura 1.14 Comparação entre as curvas de capacidade teórica (1) e experimental (2), para NaF 10–3 M; eletrodo de mercúrio. Modelo de Stern tratado por Grahame em 1947, conforme Damaskin e Petrii.

Apesar de verificar a validade da teoria de Gouy-Chapman para alguns eletrólitos, o modelo de Stern não explicava alguns fenômenos observados nos estudos de adsorção iônica em todos os eletrólitos. Assim, Grahame especulou que os íons de uma solução eletrolítica qualquer podem aproximar-se do eletrodo de duas formas diferentes:

a. Alguns íons interagem fracamente com o eletrodo, de forma que a distância de máxima aproximação à superfície corresponde ao diâmetro das moléculas de água ligadas à superfície somado ao raio do próprio íon e de suas moléculas de hidratação (Figura 1.12).
b. Outros íons, especialmente alguns tipos de ânions fracamente hidratados, apresentam interações fortes com a superfície eletródica de forma que podem deslocar as moléculas de água que recobrem a superfície e entrar em contato direto com o eletrodo, ocorrendo um fenômeno denominado de *adsorção específica*; a máxima aproximação correponde, neste caso, ao raio do próprio íon.

Na Figura 1.15 apresenta-se um esquema da estrutura da dupla camada na presença de adsorção específica sendo que o plano onde estão centradas estas cargas é denominado de *plano de Helmholtz interno.*

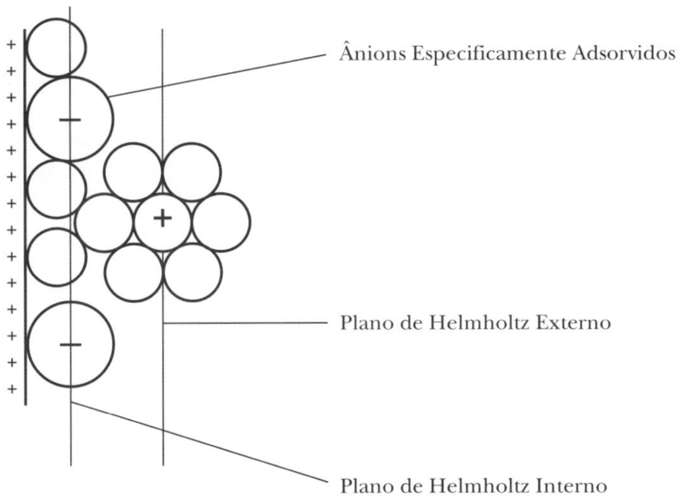

Figura 1.15 Dupla camada formada por dipolos de água adsorvidos, ânions especificamente adsorvidos e cátions adsorvidos na camada difusa.

O diagrama de um modelo amplamente aceito nos tempos atuais para a estrutura da dupla camada foi proposto por Bockris, Devanathan e Muller (Figura 1.16). Além dos íons adsorvidos na

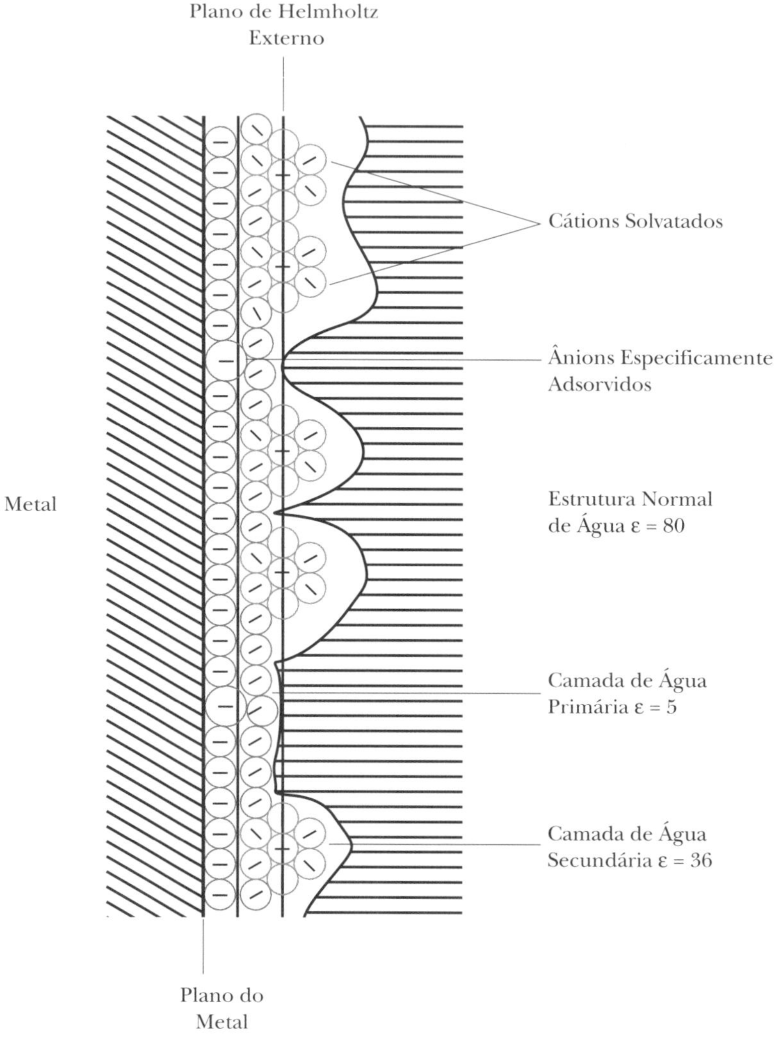

Figura 1.16 Estrutura da dupla camada elétrica de acordo com o modelo de Bockris, Devanathan e Muller (1963).

camada difusa, o modelo também considera a presença das espécies especificamente adsorvidas. Nota-se que a constante dielétrica da camada de água colocada em contado direto com o eletrodo (plano interno de Helmholtz) é da ordem de 5 enquanto que a daquelas que formam as camadas de hidratação dos íons e contidas no interior do plano externo de Helmholtz é próxima a 36. Tais valores são consistentes com o elevado campo elétrico ali existente conforme foi mencionado anteriormente. A presença da adsorção específica explica o comportamento de um grande número de sistemas experimentais, que não podem ser interpretados pelos modelos anteriores, conforme será tratado com mais detalhes na seção 1.9 deste capítulo.

1.7.4 Determinação da Carga Especificamente Adsorvida

A equação 1.35 mostra como pode ser determinado o excesso superficial *total* de ânions. Porém, os argumentos termodinâmicos não permitem separar as contribuições devidas aos ânions especificamente adsorvidos e aos ânions presentes na camada difusa. Para efetuar esta separação é necessário utilizar a teoria da camada difusa. Em soluções contendo um único eletrólito, a separação dos componentes de carga é particularmente elaborada. Entretanto, existe um procedimento particularmente simples que se aplica em soluções de força iônica constante. A maioria dos estudos mais recentes empregam este tipo de abordagem. O procedimento consiste em realizar medidas, usualmente de capacidade, em soluções que contêm o sal do ânion que se adsorve especificamente e um fluoreto do mesmo cátion em quantidade suficiente para manter constante a força iônica em um valor prefixado.

O procedimento será ilustrado para o caso genérico de um sal CA, no qual o ânion A^- se adsorve especificamente, e um sal CB no qual o ânion B^- não é adsorvido especificamente. Por simplicidade, consideram-se somente íons monovalentes. A composição dessas soluções pode ser expressa pela relação xM CA + $(I - x)M$ CB, onde I é a força iônica. Utilizando-se um eletrodo de referência reversível ao cátion, a equação 1.22 para este caso pode ser escrita:

$$d\sigma = -q^M dE_+ - \Gamma_A d\mu_{CA} - \Gamma_B d\mu_{CB} \quad . \tag{1.68}$$

Neste ponto, é interessante introduzir outro conceito importante em dupla camada. Visto que a queda de potencial metal-solução está formada por vários componentes, o procedimento de se manter o potencial constante pode ser ambíguo. Assim, é preferível usar a carga do eletrodo como variável elétrica. É necessário, portanto, introduzir uma nova função (chamada *função de Parsons*) definida por:

$$\xi_{\pm} = q^M E_{\pm} + \sigma \quad . \tag{1.69}$$

Assim, assume-se o uso de um eletrodo de referência reversível ao cátion,

$$d\xi_{+} = q^M dE_{+} + E_{+} dq^M + d\sigma \quad . \tag{1.70}$$

Substituindo esta expressão em 1.68 obtém-se:

$$-d\xi_{+} = -E_{+} dq^M + \Gamma_A d\mu_{CA} + \Gamma_B d\mu_{CB} \quad . \tag{1.71}$$

Definindo

$$x = m_{CA} / (m_{CA} + m_{CB}) \quad ,$$

onde m é a molalidade, lembrando que neste sistema $m_{CA} + m_{CB} =$ constante, e considerando ainda que as atividades sejam iguais as molalidades, tem-se:

$$d\mu_{CA} = RT d\ln m_{CA} = RT d\ln x$$

$$d\mu_{CB} = RT d\ln m_{CB} = RT d\ln(1-x) = -RT \frac{x}{1-x} d\ln x \tag{1.72}$$

É necessário destacar que a aproximação introduzida ao considerar as atividades iguais as molalidades não é tão drástica quanto parece, pelo fato de se manter a força iônica constante. De fato, a aproximação é estritamente válida no âmbito da teoria de Debye-Huckel. Substituindo as expressões dos potenciais químicos em 1.71 resulta:

$$-d\xi_+ = -E_+ dq^M + (\Gamma_A - \frac{x}{1-x}\Gamma_B)RTd\ln x \quad . \tag{1.73}$$

O excesso superficial total do íon A^- é dividido em uma contribuição da camada interna devido à carga especificamente adsorvida e uma da camada difusa, ou seja,

$$\Gamma_A = \Gamma_A^i + \Gamma_A^d \tag{1.74}$$

e pelos fundamentos da teoria de Gouy-Chapman também é possível escrever (lembrando que B^- encontra-se somente adsorvido na camada difusa):

$$\frac{\Gamma_A^d}{\Gamma_B} = \frac{x}{1-x} \quad . \tag{1.75}$$

Assim, combinando as equações 1.73-1.75, obtém-se:

$$-d\xi_+ = -E_+ dq^M + \Gamma_A^i RTd\ln x \tag{1.76}$$

de onde, para q^M = constante, que é o caso da presente análise,

$$-\frac{1}{RT}\left(\frac{\partial \xi_+}{\partial \ln x}\right)_q = \Gamma_A^i \tag{1.77}$$

ou, alternativamente, em termos de carga de ânions A^- especificamente adsorvidos,

$$-\frac{F}{RT}\left(\frac{\partial \xi_+}{\partial \ln x}\right)_q = q_A^i \quad . \tag{1.78}$$

Em soluções de força iônica constante aparece também uma vantagem experimental: ao se obter curvas de capacidade *versus* potencial para diferentes valores de x, observa-se que todas as curvas coincidem na região de potenciais mais negativos. Isto ocorre porque nessa região não há ânions especificamente adsorvidos e a concentração de cátions na camada difusa é a mesma para todas as soluções. Para se obter ξ_+ segundo a equação 1.69, a carga q é obtida da primeira integração das curvas de capacidade (equação 1.42). A obtenção de σ segundo a equação 1.44 requer o conhecimento de σ_{max}. Porém, se as curvas de capacidade coincidem em potenciais negativos, a tensão superficial nestes potenciais também é a mesma para todas as soluções. Assim, a segunda integração pode ser feita a partir de um deles, obtendo-se valores de σ afetados por uma constante desconhecida. Uma vez que somente a derivada da função ξ_+ (equação 1.78) é utilizada no cálculo da carga especificamente adsorvida, a função ξ_+ pode ser obtida de forma a ter embutido em seus valores um termo desconhecido, porém, constante. Este fato, somado à coincidência das curvas experimentais de capacidade na região de potenciais negativos, torna desnecessário o conhecimento de constantes de integração para a obtenção da tensão superficial. Assim, verifica-se que, quando os estudos são efetuados à força iônica constante, não será necessário obter o valor experimental de σ_{max}.

1.8 ISOTERMAS DE ADSORÇÃO

A isoterma de adsorção é uma relação analítica que correlaciona a quantidade adsorvida de um componente em uma interface com a concentração deste componente no meio da fase. A isoterma de adsorção é extremamente útil em eletroquímica, mas devido aos diferentes tipos de interações que governam a adsorção de diferentes espécies, não existe uma única isoterma aplicável a todas as situações. Nas interfaces carregadas, como é o caso das interfaces eletrodo/solução, surge um problema adicional: a quantidade adsorvida depende do estado elétrico da interface que deve ser especificado através de uma variável adequada. Esta variável pode ser o potencial ou a carga do eletrodo. Para ilustrar o conceito, deve-se lembrar que o excesso superficial de uma espécie adsorvida é função do potencial do eletrodo ou, alternativamente, da carga sobre o metal. A decisão de escolher uma ou outra variável não é simples e pode-se dizer apenas que a carga é indicada quando se adsorvem espécies carregadas e o potencial, quando se adsorvem moléculas neutras.

As expressões particulares das isotermas de adsorção derivam de modelos não termodinâmicos. Entretanto, o fundamento do conceito é puramente termodinâmico. Como foi discutido na introdução, as forças anisotrópicas que imperam na interface fazem com que a concentração de espécies seja diferente daquela no meio da fase. Assim, estas duas regiões podem ser consideradas como fases diferentes e a condição de equilíbrio requer, para uma espécie qualquer i, que seus potenciais químicos sejam iguais, ou seja,

$$\mu_i^a = \mu_i^s \quad , \tag{1.79}$$

onde μ_i^a e μ_i^s são os potenciais químicos da espécie i na interface e no interior da solução, respectivamente. Desta equação resulta:

$$\mu_i^{0,a} + RT \ln a_i^a = \mu_i^{0,s} + RT \ln a_i^s \tag{1.80}$$

que rearranjada fornece a expressão termodinâmica da isoterma de adsorção:

$$a_i^a = a_i^s \exp\left(\frac{-\Delta G_{ads}^o}{RT}\right) = a_i^s \beta \quad , \tag{1.81}$$

onde

$$\beta = \exp\left(\frac{-\Delta G_{ads}^o}{RT}\right) \tag{1.81.a}$$

sendo

$$\Delta G_{ads}^0 = \mu_i^{0,a} - \mu_i^{0,s}$$

denominado *energia livre padrão de adsorção.*

A partir desta expressão, as diferentes isotermas resultam de considerar β constante e diferentes expressões para o termo a_i^a. Isto equivale a dizer que ΔG_{ads}^o contém as interações partícula/eletrodo e é, portanto, dependente da carga, enquanto que as interações partícula/partícula estão contidas em a_i^a. Por serem as mais utilizadas em eletroquímica, indicaremos aqui quatro dentre as numerosas expressões para isotermas de adsorção.

a. Isoterma de Henry

   É a mais simples e pressupõe um comportamento ideal dos íons (atividade = concentração) tanto na fase adsorvida quanto na solução.

$$\Gamma_i = c_i^s \beta \quad . \tag{1.82}$$

b. Isoterma de Langmuir

   Considera que o excesso superficial de uma espécie adsorvida não pode crescer indefinidamente com a concentração devido ao volume das partículas adsorvidas:

$$\frac{\theta}{1-\theta} = c_i^s \beta \quad , \tag{1.83}$$

   onde

$$\theta = \frac{\Gamma_i}{\Gamma_i^{\max}}$$

   é a fração de superfície coberta.

c. Isoterma de Virial

   Esta isoterma considera em um único parâmetro (*B*, ou segundo coeficiente de Virial) o volume e as interações entre partículas adsorvidas:

$$\Gamma_i \exp(2B\Gamma_i) = a_i^s \beta \quad . \tag{1.84}$$

d. Isoterma de Frumkin

   Incorpora na isoterma de Langmuir um termo que considera a interação entre partículas adsorvidas:

$$\frac{\theta}{1-\theta}\exp(a\theta) = c_i^s\beta \quad . \tag{1.85}$$

O primeiro passo para a aplicação de uma isoterma de adsorção é a obtenção experimental do excesso superficial em função da concentração do íon de interesse, através de qualquer um dos métodos já apresentados. Estes dados são, em seguida, colocados em um gráfico na forma indicada pela isoterma de interesse (por exemplo, para Henry Γ_i *versus* c_i^s). Como foi mencionado acima, a aplicação das isotermas requer que, além da temperatura, uma variável elétrica, a carga ou o potencial do eletrodo, seja mantida constante. Esta é uma necessidade comum a todas as isotermas e resulta do fato de β ser função da carga, conforme foi citado anteriormente.

1.9 EXEMPLOS

Na Figura 1.17 apresenta-se um conjunto de curvas eletrocapilares obtidas para um eletrodo de mercúrio imerso em uma solução de ácido sulfúrico 1 N na presença de diversas concentrações de KBr e utilizando-se o eletrodo de mercúrio/sulfato mercuroso como eletrodo de referência ($Hg/Hg_2SO_4/H_2SO_4$ 1 N). Observa-se claramente que o aumento da concentração de KBr provoca um decréscimo da tensão superficial na região de potenciais menos negativos que o do máximo eletrocapilar, enquanto que o comportamento é constante e independente da concentração de KBr em potenciais mais negativos. Tendo como base as informações apresentadas nas seções anteriores, este comportamento das curvas eletrocapilares pode ser interpretado conforme será exposto a seguir.

De acordo com as equações 1.15 e 1.19, à esquerda do máximo eletrocapilar das curvas da Figura 1.17 ocorre a adsorção dos ânions do eletrólito, ou seja, o HSO_4^- e o Br^-, enquanto que no lado direito verifica-se a adsorção dos cátions H_3O^+ e K^+. O comportamento diferenciado entre a adsorção dos cátions e dos ânions em função da concentração de KBr pode ser explicado em termos da ocorrência de adsorção específica que se manifesta apenas no caso dos ânions.

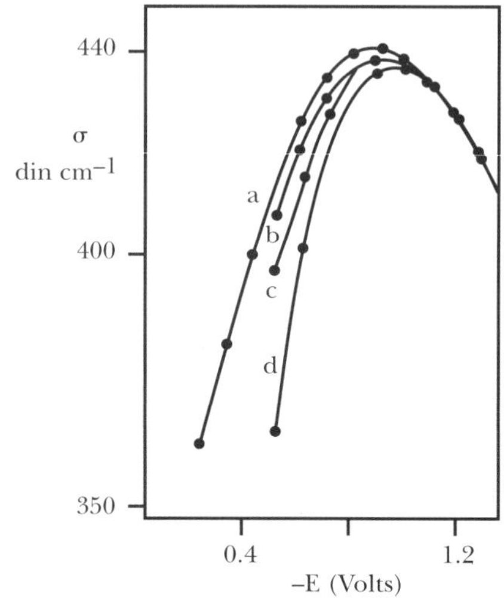

Figura 1.17 Curvas eletrocapilares obtidas para um eletrodo de mercúrio imerso em uma solução de ácido sulfúrico 1 N na presença de diversas concentrações de KBr: (a) 0; (b) 10^{-4}; (c) 10^{-2} e (d) 0,1 M. Eletrodo de referência: mercúrio/oxido mercuroso ($Hg/Hg_2SO_4/H_2SO_4$ 1 N) (obtido de E. A. Ticianelli, E. R. Gonzalez & L. A. Avaca, *Corrosão e Proteção*, jan. fev. 1990, p. 27).

Através de resultados similares aos da Figura 1.17, tem sido demonstrado que a adsorção específica em eletrodos de mercúrio não ocorre com os íons F^-, devido à sua elevada energia de solvatação, porém, ocorre com os demais íons haleto de acordo com a sequência $I^- > Br^- > Cl^-$. A adsorção específica também pode ocorrer com algumas moléculas orgânicas, como por exemplo, os compostos aromáticos, em cujo caso se verifica a interação dos elétrons π do anel aromático com o mercúrio, e a tiouréia na qual o enxofre interage fortemente com o mercúrio. Compostos alifáticos também se adsorvem, mas nestes casos o efeito sobre as curvas eletrocapilares ocorre em potenciais próximos ao do máximo eletrocapilar, através de um abaixamento nos valores da tensão superficial. Isto acontece porque as interações com o material eletródico são fracas para as moléculas orgânicas neutras, de forma que conseguem remover somente os íons ou dipolos ligados ao eletrodo quando as forças de atração elétrica são menores, ou seja, nas vizinhanças do potencial de carga zero.

Na Figura 1.18 apresenta-se um conjunto de curvas de capacidade em função potencial de um eletrodo gotejante de mercúrio em

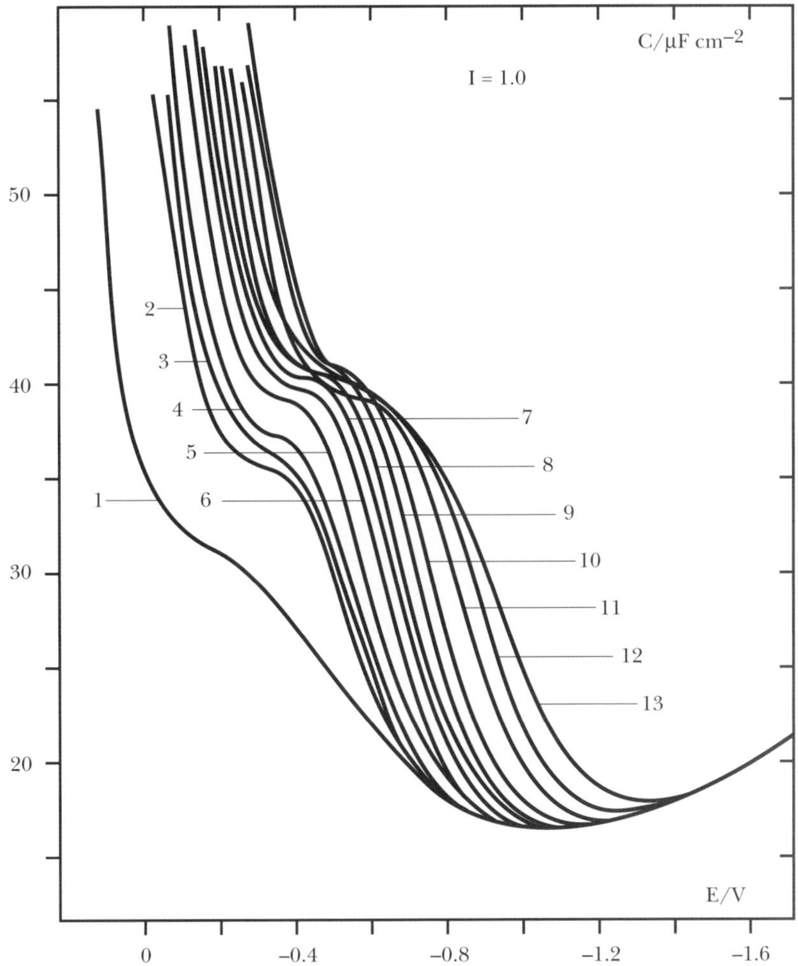

Figura 1.18 Curvas de capacidade em função potencial de um eletrodo gotejante de mercúrio em contato com uma solução aquosa de força iônica constante ($I = 1$) formada por KCNS X M + KF (1,0 – X), com X valendo: (1) 0; (2) 0,001; (3) 0,00125; (4) 0,0025; (5) 0,005; (6) 0,01; (7) 0,0175; (8) 0,025; (9) 0,05; (10) 0,1; (11) 0,25; (12) 0,5 e (13) 1,0 M. Eletrodo de referência: calomelano saturado (Hg/Hg_2Cl_2/KCl sat) (obtido de R. C. Rocha Filho, dissertação de mestrado — IFQSC, 1979).

contato com uma solução aquosa de força iônica constante (I = 1) formada por KCNS X M + KF (1,0 – X), com X variando de 0 a 1,0 M. A interpretação destes resultados foi feita utilizando-se as equações 1.43 e 1.44 em conjunto com aquelas obtidas por Grahame e Parsons para sistemas onde ocorre adsorção específica, ou seja, as equações 1.69 a 1.78.

Para ilustrar o tipo de informação que se pode obter através de um estudo deste tipo, na Figura 1.19 apresenta-se a dependência da carga especificamente adsorvida em função da carga sobre o metal, calculadas de acordo com as equações acima para todas as concentrações de KCNS estudadas. Um fato interessante observado na Figura 1.19 é que a carga de ânions especificamente adsorvidos é maior em módulo que a carga acumulada na superfície metálica,

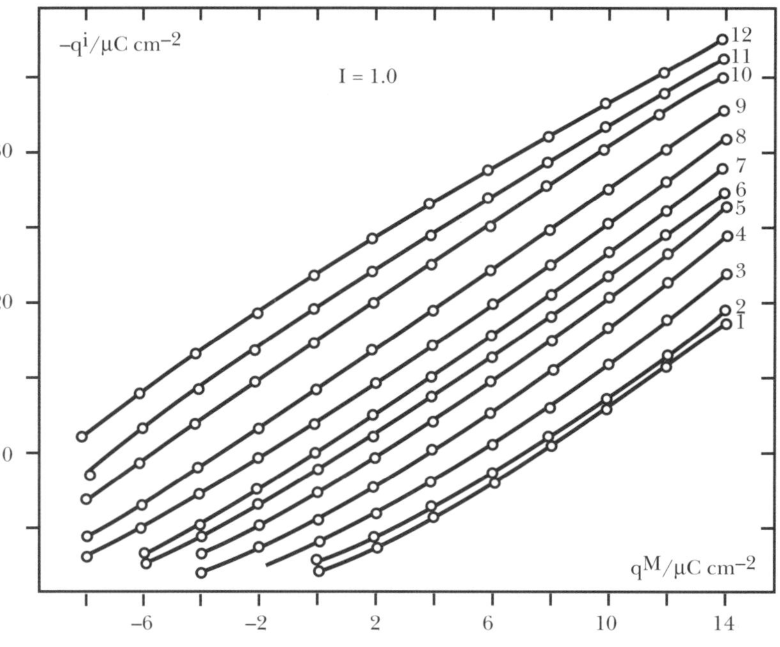

Figura 1.19 Dependência da carga especificamente adsorvida em função da carga do eletrodo para o sistema mercúrio-soluções aquosas de KCNS X M + KF (1,0 – X) M. As concentrações (X) são: (1) 0,001; (2) 0,00125; (3) 0,0025; (4) 0,005; (5) 0,01; (6) 0,0175; (7) 0,025; (8) 0,05; (9) 0,1; (10) 0,25; (11) 0,5 e (12) 1,0 M (obtido de R. C. Rocha Filho, dissertação de mestrado — IFQSC, 1979).

para os valores maiores de q^M (ou seja, nos potenciais de eletrodo menos catódicos). Isto implica que a carga adsorvida na camada difusa assume valores que apresentam sinal igual a da carga do eletrodo. Outra observação que pode ser feita é que mesmo nos potenciais mais catódicos, onde $q^M < 0$, ainda há uma substancial quantidade de ânions especificamente adsorvidos. Portanto, conclui-se que as forças de interação química responsáveis pela adsorção específica são maiores que a repulsão eletrostática resultante da aproximação das cargas de mesmo sinal, envolvendo o eletrodo e os ânions especificamente adsorvidos.

Informações deste tipo são fundamentais para se conseguir os entendimentos necessários das propriedades das interfaces eletrodo/solução e correlacioná-las com os fenômenos de interesse prático, inevitavelmente associados com as reações de transferência de carga.

1.10 ADSORÇÃO DE SUBSTÂNCIAS NEUTRAS

Nos temas expostos até aqui foi tratada a adsorção de íons, principalmente ânions. Isto porque todas as soluções usadas em eletroquímica contêm, em geral, uma considerável concentração de íons para fazê-las condutoras. Entretanto, a adsorção de substâncias neutras, dentre as quais se inclui o solvente da solução eletrolítica, pode ter uma grande importância na definição das propriedades físico-químicas da interface eletrodo-solução.

Na consideração das substâncias neutras que se adsorvem sobre um eletrodo é importante distinguir dois grupos principais: as que apresentam uma interação específica com o material do eletrodo através de forças de curto alcance e as que se adsorvem por ação de forças eletrostáticas de longo alcance. No primeiro grupo não existe um comportamento que possa ser generalizado. Assim, uma molécula como a tiouréia, que possui um átomo de enxofre ativo, pode interagir fortemente com diversos materiais eletródicos. Sobre mercúrio em soluções aquosas, a forte interação leva a um comportamento que lembra bastante o dos ânions. Ainda sobre metais mais ativos, como a platina, a tiouréia pode sofrer uma interação suficientemente forte para produzir a quebra da molécula.

No segundo grupo, as forças de interação entre o adsorbato e a superfície são muito mais fracas. O adsorbato pode ser visto como um dipolo que interage com o campo elétrico e o seu comportamento na interface pode ser generalizado. Aqui será tratado somente o comportamento deste grupo de substâncias neutras, consideradas típicas.

Como no caso dos íons, a adsorção de moléculas neutras requer que o solvente seja deslocado da superfície do eletrodo. Se ambos os componentes da solução, adsorbato e solvente, comportam-se como dipolos, a adsorção relativa dependerá dos respectivos momentos dipolares. Entretanto, a situação não é tão simples quanto parece. Já foi mostrado que o campo elétrico operante na interface eletrodo/solução é muito forte. Isto provoca um deslocamento das cargas elétricas na molécula, sendo necessário considerar o momento dipolar efetivo, no campo elétrico, e não o momento dipolar pemanente da molécula isolada.

Assumindo que o deslocamento de cargas na molécula seja proporcional ao campo elétrico, o que, sem dúvida, é uma aproximação por ser o campo muito forte, é possível escrever o momento dipolar efetivo como soma de duas contribuições: o momento dipolar permanente mais o momento dipolar induzido pelo campo elétrico. Assim:

$$\boldsymbol{p}_{ef} = \boldsymbol{p}_0 + \alpha \boldsymbol{E} \quad , \tag{1.86}$$

onde $\boldsymbol{p}_{ef}$ é o momento dipolar efetivo, $\boldsymbol{p}_0$ o momento dipolar permanente, $\boldsymbol{E}$ o campo elétrico e α a polarizabilidade (o uso de negrito indica que as magnitudes são vetoriais).

Neste ponto, é necessário observar uma peculiaridade da água, usada como solvente na maioria das soluções. O momento dipolar permanente da água é pequeno quando comparado com muitas substâncias neutras comuns. Porém, a polarizabilidade da água é relativamente grande. Assim, para valores pequenos da densidade de carga no eletrodo, o momento dipolar efetivo da molécula neutra predomina e esta se adsorve preferencialmente. Para cargas mais elevadas (tanto positivas quanto negativas), o momento dipolar efetivo da água é que predomina, e a água se adsorve preferencialmente.

Na Figura 1.7 foi mostrada a forma da curva eletrocapilar para um eletrodo de mercúrio em uma solução iônica. Se a esta mesma solução adicionarmos uma substância dipolar como o álcool butílico, será observado uma forte diminuição da tensão superficial na região de adsorção do álcool, ou seja, na região de cargas moderadas no eletrodo, como mostra a Figura 1.20. Para cargas mais elevadas, positivas ou negativas, a adsorção da água predomina e a curva coincide com a original.

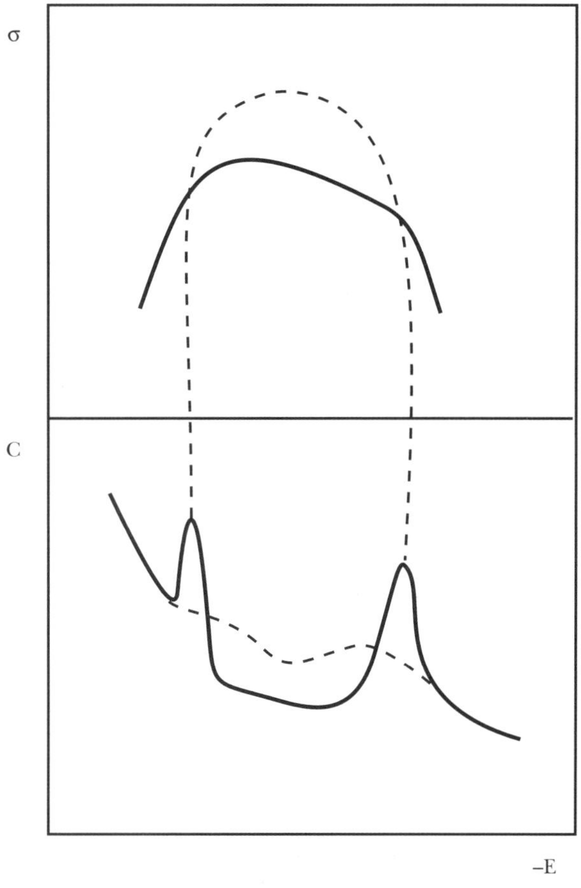

Figura 1.20 Formato típico das curvas de tensão superficial e da capacidade diferencial em função do potencial do eletrodo de trabalho para a adsorção de espécies orgânicas. Linha tracejada: eletrólito de suporte; linha sólida: na presença da espécie orgânica.

É importante observar que a transição adsorção/dessorção da espécie neutra acontece em um intervalo de potenciais relativamente estreito, o que ocasiona uma mudança brusca da derivada da tensão superficial com o potencial. Assim, o efeito sobre as correspondentes curvas de capacidade permite observar a presença de picos nessas regiões, como ilustrado na Figura 1.20.

1.10.1 A Equação Eletrocapilar para Substâncias Neutras

Um experimento típico para o estudo da adsorção de substâncias neutras envolve medidas de tensão superficial e/ou capacidade em soluções que contenham uma mesma concentração de um eletrólito e concentrações variáveis da substância neutra. O eletrólito a ser utilizado deve ser de preferência um sal que não apresente adsorção específica no intervalo de potenciais. Assim, deve-se dar primazia aos fluoretos e, em menor escala, aos sulfatos ou percloratos. Considerando a equação eletrocapilar à potencial constante (equação 1.22) vemos que para o caso de se manter constante a concentração do eletrólito $\Delta\varphi_R = 0$. Considerando ainda uma solução de dois componentes temos:

$$d\sigma = -RT(\Gamma_s \, d\ln a_s + \Gamma_a \, d\ln a_a) \quad , \tag{1.87}$$

onde os subíndices *a* e *s* representam o adsorbato e o solvente, respectivamente. Se as concentrações do adsorbato não são muito elevadas, podemos considerar ainda que $d\ln a_s = 0$. Assim,

$$d\sigma = -RT\Gamma_a d\ln a_a \approx -RT\Gamma_a d\ln c_a \quad , \tag{1.88}$$

onde a segunda aproximação resulta de considerar, por tratar-se de uma substância neutra, as atividades iguais às concentrações. Assim, o excesso superficial da substância neutra pode ser obtido, a potencial constante, da variação da tensão superficial com a concentração da espécie neutra. À carga constante, os excessos são obtidos de uma expressão equivalente à 1.88 onde a função de Parsons (equação 1.69) é utilizada no lugar da tensão superficial.

A Figura 1.21 ilustra os excessos superficiais obtidos para uma substância neutra típica.

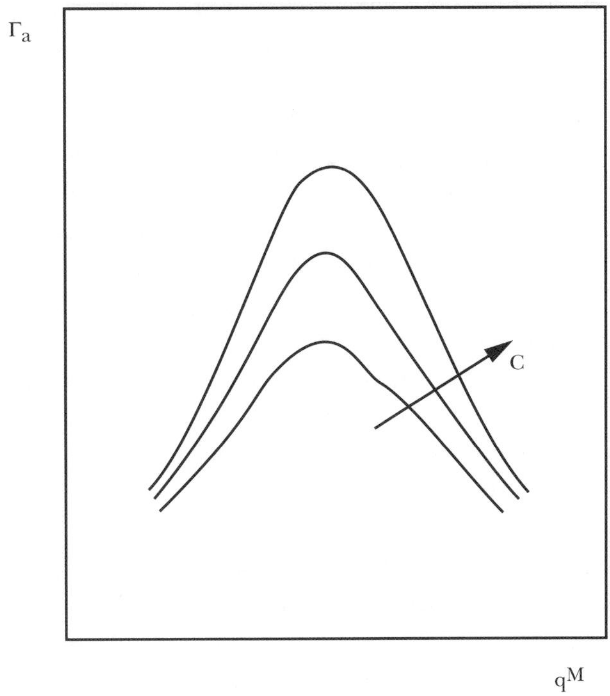

Figura 1.21 Excesso superficial em função da concentração, para a adsorção de espécies orgânicas.

Os estudos experimentais mostram que, na maioria dos casos, a adsorção de substâncias neutras típicas pode ser descrita satisfatoriamente por uma isoterma de Frumkin (equação 1.85).

1.11 ADSORÇÃO EM ELETRODOS SÓLIDOS

As situações experimentais descritas neste capítulo envolvem eletrodos de mercúrio que, na forma de eletrodos gotejantes, apresentam diversas vantagens já apontadas. Por outro lado, a maioria das situações encontradas na eletroquímica tecnológica envolve eletrodos sólidos (metais, ligas etc.).

A aplicação dos métodos aqui descritos a eletrodos sólidos não é trivial devido a diversos problemas de ordem prática. Dentre estes podemos citar como mais relevantes os seguintes:

a. As características de adsorção de um adsorbato sobre um metal puro dependem da orientação cristalográfica da superfície exposta. Isto exige que se trabalhe com monocristais, sendo os resultados obtidos com policristais uma média de diversas orientações. No caso de ligas metálicas, a situação é ainda mais complicada pela possibilidade de a superfície estar constituída de mais de uma fase da liga.
b. Não existem até hoje métodos simples e reprodutíveis para determinar o potencial de carga zero em eletrodos sólidos. Os métodos são muito elaborados, pouco reprodutíveis e/ou restritos a soluções diluídas.
c. Dependendo do metal e da solução pode ser difícil ou impossível manter a superfície livre de óxidos.
d. A superfície dos eletrodos sólidos é estacionária, o que exige trabalhar com soluções extremamente puras. Impurezas presentes na solução que se adsorvem na superfície não podem ser eliminadas facilmente.

Apesar destas complexidades os estudos de adsorção em eletrodos sólidos têm aumentado nos últimos anos, dada a grande necessidade de se dispor de dados de adsorção para estes materiais. Juntamente com as técnicas eletroquímicas aqui descritas, pode-se observar o emprego de técnicas espectroscópicas (IV, V/UV, Raman) *in situ* que estão contribuindo muito para determinar a natureza e a estrutura dos adsorbatos na interface.

2

CINÉTICA DOS PROCESSOS ELETRÓDICOS

2.1 INTRODUÇÃO

No capítulo anterior foi observado que os conceitos e equações que se aplicam à dupla camada elétrica são válidos para interfaces onde não está ocorrendo nenhum tipo de reação eletroquímica (transferência de carga através da interface), ou seja, em condições tais que o eletrodo está idealmente polarizado, ou que a interface eletrodo/solução é idealmente polarizável. Assim, os fenômenos que ocorrem na interface estão apenas relacionados com a acomodação de íons e/ou dipolos, definindo a estrutura e a composição da dupla camada. Foi observado também que em vários sistemas eletroquímicos existe uma janela de potenciais eletródicos onde nenhuma reação eletroquímica acontece. Fora desta janela, abaixo de um valor crítico de potencial, ocorre uma reação de redução, enquanto que acima dela acontece uma de oxidação.

Foi também observado que existem sistemas experimentais em que é praticamente impossível estabelecer um intervalo de potenciais em que o eletrodo fica idealmente polarizado. Um exemplo colocado foi o eletrodo de mercúrio com a superfície recoberta por um filme de calomelano (Hg_2Cl_2, sal insolúvel) imerso em uma solução de KCl. Para este sistema, na medida em que se tenta mudar externamente o potencial do eletrodo, alterando o seu valor de equilíbrio natural, a interface reage provocando uma reação eletroquímica anódica ou catódica, dependendo do sinal da perturbação. Este tipo de eletrodo é denominado de eletrodo reversível, sendo que em seu estado de equilíbrio ($I = 0$) tem o comportamento plenamente governado pelas leis da termodinâmica eletroquímica e, especificamente no caso da variação do potencial do eletrodo em função da atividade dos reagentes e produtos, pela equação de Nernst. Exemplificando, considere um sistema eletroquímico formado por dois eletrodos reversíveis no qual ocorrem as seguintes reações:

ânodo: $A = A^{z+} + |z^+| e^-$
cátodo: $M^{z+} + |z^+| e^- = M$
total: $A + M^{z+} = M + A^{z+}$

De acordo com a equação de Nernst, a diferença de potencial (E) entre os dois eletrodos pode ser expressa em termos das atividades dos reagentes e dos produtos da reação eletroquímica global que para o caso considerado tem a forma:

$$E\ (\text{equilíbrio}) = E_e = E^o - \frac{RT}{|z^+|F} \ln\left(\frac{a_{A^{z+}}\ a_M}{a_A\ a_{M^{z+}}} \right) , \qquad (2.1)$$

onde E^0 é a diferença de potencial padrão, ou seja, o valor observado quando as atividades dos reagentes e produtos são unitárias.

Neste capítulo serão discutidos os casos em que ambos os tipos de sistemas eletroquímicos acima descritos estão fora de seus estados de equilíbrio, ou seja, nas situações onde se verifica a passagem de corrente elétrica. As duas conseqüências imediatas do desequilíbrio são:

a. Nos sistemas irreversíveis (eletrodos idealmente polarizáveis, fora da janela de equilíbrio elétrico) a dupla camada, embora existente, deixa de ser equacionada pelas leis e equações descritas no capítulo 1.

b. Nos sistemas reversíveis, a equação de Nernst já não pode ser rigorosamente utilizada para o cálculo dos potenciais dos eletrodos, correspondendo, apenas para alguns casos, a uma aproximação aceitável.

2.2 POLARIZAÇÃO ELETRÓDICA

Um fato importante observado nos sistemas eletroquímicos fora do estado de equilíbrio ($I \neq 0$) é que os potenciais dos eletrodos (E) são diferentes dos valores de equilíbrio, ou seja,

$$E(I \neq 0) \neq E_e \tag{2.2}$$

observando-se também que as diferenças são tanto maiores quanto maiores forem as correntes que atravessam as interfaces eletrodo/solução ou, genericamente,

$$E = f(I) \tag{2.3}$$

que significa que o potencial do eletrodo é dependente da corrente que circula no sistema, sendo os desvios em relação ao valor de equilíbrio denominados de *polarização eletródica*. As origens da polarização eletródica serão discutidas neste capítulo.

De acordo com a lei de Faraday, a passagem de corrente elétrica através de uma interface eletrodo/solução sempre leva a uma reação eletroquímica através da qual reagentes transformam-se em produtos. Para que esta reação ocorra, várias etapas básicas devem acontecer, conforme ilustra o diagrama da Figura 2.1:

a. A espécie reagente deve aproximar-se da interface eletrodo/solução, onde efetivamente ocorre a reação.
b. Uma vez na superfície, a espécie reagente envolve-se na reação de transferência de carga, transformando-se em produto.

c. Simultaneamente, a carga elétrica envolvida no processo deve ser transportada em direção ao outro eletrodo, garantindo assim a eletroneutralidade da solução eletrolítica. Neste processo há uma corrente eletrônica através do circuito externo e uma corrente iônica através da solução.

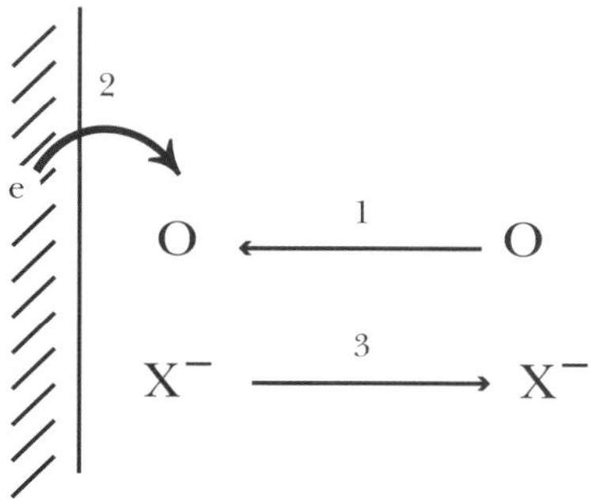

Figura 2.1 Etapas de um processo eletroquímico envolvendo uma reação catódica: (1) aproximação do reagente à superfície do eletrodo; (2) reação de transferência do elétron; (3) processo migratório para compensação da carga injetada na solução.

Do ponto de vista cinético, todas as etapas acima podem ser rápidas, observando-se na prática que para estes casos a polarização eletródica é pequena. Entretanto, o mais comum é que uma ou mais destas três etapas sejam lentas, sendo que qualquer uma delas pode tornar-se a *etapa determinante da velocidade* do processo eletroquímico. Em termos gerais, o seguinte quadro pode ser estabelecido:

a. Se a concentração do reagente for pequena e/ou a corrente, elevada, o fluxo de corrente poderá levar a um esgotamento da espécie reagente na superfície do eletrodo e, assim, a velocidade do processo passará a ser determinada pela velocidade de chegada da espécie reagente à superfície. Como conseqüência, o potencial do eletrodo desviar-se-á de seu valor de equilíbrio. Este desvio é denominado de *polarização por transporte de massa.*

b. Se a concentração do reagente for elevada e/ou a corrente, baixa, a reação de transferência do elétron do eletrodo para a espécie ou vice-versa, que analogamente aos processos químicos convencionais é limitada por uma barreira de energia de ativação, poderá tornar-se a etapa determinante da velocidade, resultando no aparecimento do fenômeno de *polarização por ativação.*
c. Se a concentração dos íons responsáveis pelo transporte de carga for pequena ou, equivalentemente, a condutividade do eletrólito for baixa ou ainda se a corrente for muito elevada, poderá haver dificuldades na manutenção da eletroneutralidade da solução e, conseqüentemente, um retardamento do processo eletroquímico global. Este fenômeno é governado pelas leis da condutância eletrolítica (lei de Ohm) e resulta também em um afastamento do potencial medido do eletrodo de seu valor de equilíbrio. Este desvio é denominado de *polarização por queda ôhmica.*

Em um sistema eletroquímico convencional normalmente utilizam-se concentrações elevadas ou relativamente elevadas das espécies eletroativas e simultaneamente altas concentrações de um *eletrólito suporte* para garantir a condutividade eletrolítica elevada. Assim, observa-se que, para correntes elétricas pequenas, as polarizações por transporte de massa e por queda ôhmica não se manifestam significativamente, sendo o comportamento do sistema governado unicamente pelas leis da polarização por ativação. Na medida em que se aumenta a corrente, usualmente a polarização ôhmica aparece como um segundo efeito sobreposto ao primeiro. Finalmente, nas maiores correntes os três efeitos sobrepõem-se simultaneamente.

Cada um dos casos responsáveis pelo aparecimento das polarizações eletródicas serão tratados separadamente neste capítulo.

2.3 POLARIZAÇÃO POR ATIVAÇÃO

Este caso corresponde à situação em que etapa determinante da velocidade do processo eletroquímico é a reação de transferência de carga. Para que esta situação se realize na prática, o sistema eletroquímico deve ser montado de forma a conter concentrações elevadas da espécie reagente e de um eletrólito suporte, garantindo que as polarizações por transporte de massa e por queda ôhmica sejam pequenas.

2.3.1 Transferência Envolvendo um Elétron

Para equacionar o problema, considere o seguinte processo eletroquímico que se verifica na interface eletrodo/solução, correspondente a um processo heterogêneo que envolve a transferência de apenas um elétron:

$$O + e^- \underset{\overleftarrow{k}}{\overset{\vec{k}}{\rightleftharpoons}} R \quad , \tag{2.4}$$

onde $\vec{k}$ e $\overleftarrow{k}$ são as constantes de velocidade das reações indicadas. De acordo com as leis da cinética química heterogênea para uma reação de primeira ordem com relação as concentrações de reagentes e produtos, as velocidades dos processos catódico (O formando R) e anódico (R formando O), expressas em termos do número de moles das respectivas espécies que reagem por unidade de tempo e por unidade de área do eletrodo, são dadas pelas expressões:

$$\vec{v} = \vec{k}\, C_O \tag{2.5}$$

$$\overleftarrow{v} = \overleftarrow{k}\, C_R \quad , \tag{2.6}$$

onde C_O e C_R são as concentrações das espécies O e R na interface eletrodo/solução, respectivamente. Utilizando a equação de Arrhenius, pode-se também relacionar as constantes de velocidade com as energias de ativação dos respectivos processos, ou seja,

$$\vec{k} = \vec{k}_1 \exp\left(-\frac{\Delta\vec{G}^{\neq}}{RT} \right) \tag{2.7}$$

$$\overleftarrow{k} = \overleftarrow{k}_1 \exp\left(-\frac{\Delta\overleftarrow{G}^{\neq}}{RT}\right) , \qquad (2.8)$$

onde $\vec{k}_1$ e $\overleftarrow{k}_1$ são os fatores pré-exponenciais relacionados com as freqüências de colisão dos reagentes e produtos com a superfície do eletrodo e os $\Delta G^{\neq}$ são as energias de ativação dos correspondentes processos eletródicos, conforme ilustra o diagrama da Figura 2.2. Combinando-se as equações acima, encontra-se:

$$\vec{v} = \vec{k}_1 C_O \exp\left(-\frac{\Delta\vec{G}^{\neq}}{RT}\right) \qquad (2.9)$$

$$\overleftarrow{v} = \overleftarrow{k}_1 C_R \exp\left(-\frac{\Delta\overleftarrow{G}^{\neq}}{RT}\right) \qquad (2.10)$$

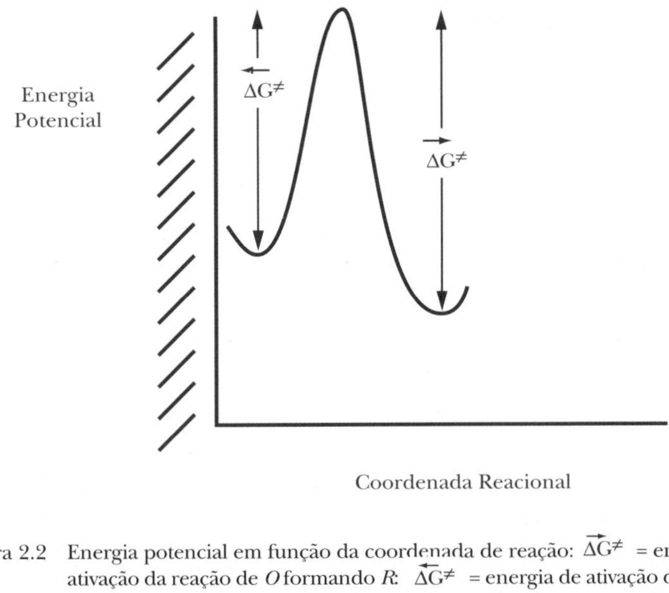

Figura 2.2 Energia potencial em função da coordenada de reação: $\Delta\vec{G}^{\neq}$ = energia de ativação da reação de *O* formando *R*: $\Delta\overleftarrow{G}^{\neq}$ = energia de ativação da reação de *R* formando *O*. A coordenada reacional representa aproximadamente a distância do eletrodo.

A transposição das leis derivadas, utilizando-se o formalismo da cinética química heterogênea convencional para o formalismo eletroquímico, pode ser facilmente feita em termos das velocidades de conversão de O para R ($\vec{v}$) e de R para O ($\overleftarrow{v}$) que representam o número de moles das respectivas espécies reagentes por unidade de tempo e por unidade de área. Aplicando-se a lei de Faraday (lembrando que $n = 1$ no dado exemplo), obtém-se:

$$\vec{i} = F\,\vec{v} = F\,\vec{k}_1 C_O \exp\left(-\frac{\Delta\vec{G}^{\neq}}{RT}\right) \tag{2.11}$$

$$\overleftarrow{i} = F\,\overleftarrow{v} = F\,\overleftarrow{k}_1 C_R \exp\left(-\frac{\Delta\overleftarrow{G}^{\neq}}{RT}\right), \tag{2.12}$$

onde $\vec{i}$ e $\overleftarrow{i}$ são as densidades de corrente elétrica (corrente por unidade de área) geradas pelos processos de redução e oxidação, respectivamente. Conforme ilustra o esquema da Figura 2.3, a corrente elétrica que pode ser detectada em um amperímetro corresponde à diferença entre as contribuições catódica e anódica, ou seja,

$$i = \vec{i} - \overleftarrow{i}\ , \tag{2.13}$$

onde foi adotado, convencionalmente, que a corrente líquida catódica tem um valor positivo. Uma convenção oposta poderia ser considerada, sem nenhum prejuízo aos raciocínios que se seguem.

O ponto mais importante em que a cinética química difere da cinética eletroquímica relaciona-se ao significado das energias livres de ativação. Para discutir este ponto vamos imaginar uma possível estrutura da interface eletrodo/solução no instante que imediatamente antecede a reação catódica de transferência do elétron, ou seja, a espécie O está localizada na zona reacional e o elétron ainda vinculado aos átomos metálicos pertencentes à superfície do eletrodo (Figura 2.4). De acordo com as leis da mecânica quântica existe uma probabilidade real de se encontrar elétrons pertencentes aos níveis energéticos (bandas de condução ou níveis de Fermi) do metal posicionados no mesmo nível de energia dos correspondentes à espécie *O*. Se este elétron for absorvido pela espécie *O*, tem-se então a sua transformação em espécie *R*, sendo que a freqüência com que isto ocorre determina a velocidade da reação catódica. Um raciocínio semelhante aplica-se à reação anódica com o elétron transferido do reagente para o eletrodo.

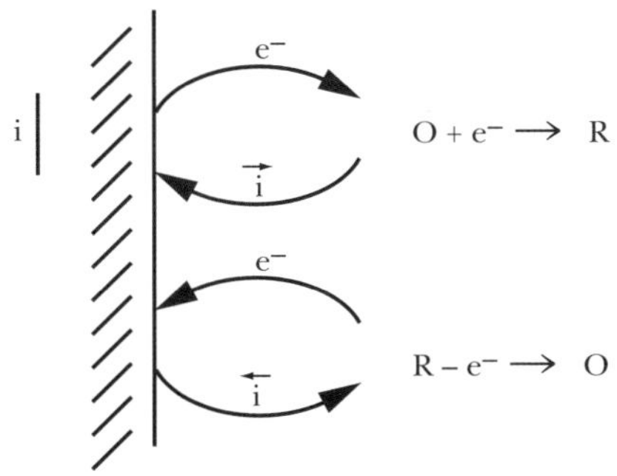

Figura 2.3 Contribuição das componentes catódica e anódica para a densidade de corrente que pode ser medida experimentalmente $i = \vec{i} - \overleftarrow{i}$. O metal eletrólito cumpre a função de conduzir a corrente elétrica para o circuito externo.

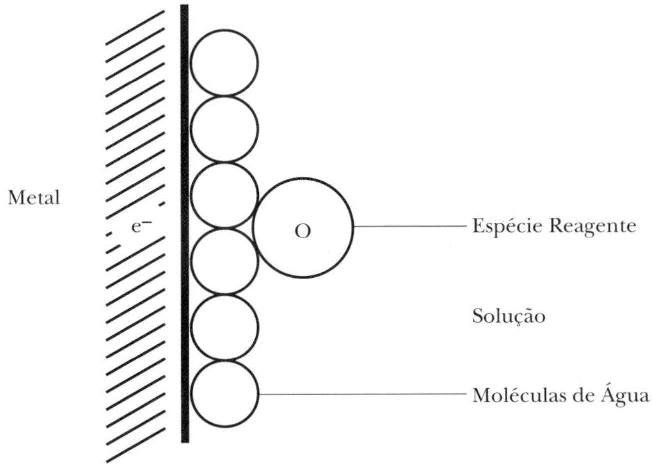

Figura 2.4 Quadro do instante que imediatamente antecede a transferência do elétron. A espécie *O* está localizada na zona reacional e o elétron ainda está vinculado ao metal.

Entretanto, sabe-se também que, de acordo com as leis da mecânica quântica, a transferência do elétron para a espécie *O* será possível apenas nas situações em que ela apresente um orbital molecular desocupado, que possua a mesma energia do elétron no nível de Fermi do metal, de forma que na transferência não haja irradiação de energia. A probabilidade disso acontecer, para a situação em que a espécie *O* encontra-se no seu estado fundamental, seja ela qualquer uma das espécies encontradas na natureza, é praticamente nula. Sob este ponto de vista pareceria então que a reação proposta é impossível.

Esta aparente contradição pode ser racionalizada com base nos fatos relatados a seguir. A espécie *O* não está estaticamente posicionada na zona reacional, ao contrário, está em movimento permanente devido à agitação térmica que impera na solução. Assim, a situação retratada na Figura 2.4 corresponde a um quadro instantâneo da situação que imediatamente antecede uma possível colisão da espécie com a superfície do eletrodo. O sistema evolui com a espécie *O* aproximando-se do eletrodo e, como conseqüência, interage fortemente com os átomos que formam o metal e também com as moléculas de água adsorvidas na superfície. Essas interações têm também por efeito a distorsão das camadas de solvatação da espécie *O*. A conseqüência destes fenômenos é a excitação energética da espécie *O* que acaba criando orbitais moleculares desocupados com energia similar à do elétron no nível de Fermi. No instante da colisão ocorre a transferência do elétron que acaba tornando possível a reação eletroquímica. Esta seqüência de eventos está diretamente relacionada com o aparecimento da barreira de energia de ativação, conforme foi delineada no gráfico da Figura 2.2. Assim, a curva de energia potencial representa a rota energética da espécie *O* colidindo com a superfície do eletrodo e o ponto de máximo representa o instante em que ocorre a transferência do elétron. Do exposto deve ficar claro que a energia de ativação considerada corresponde ao processo que sofre a espécie *O* para atingir um estado energético compatível com o nível de Fermi do metal. Já a transferência do elétron acontece por efeito túnel, não havendo qualquer energia de ativação relacionada com este processo.

Neste ponto, deve-se lembrar que a interface eletrodo/solução é caracterizada pela presença de um intenso campo elétrico ou, em outras palavras, pela presença de uma diferença de potencial elétrico ($\Delta\varphi$) entre o eletrodo e a solução eletrolítica, conforme já discutido em detalhes no capítulo anterior. Como a reação eletroquímica envolve elementos carregados eletricamente (em particular o elétron) e a zona reacional situa-se dentro do domínio do campo elétrico (Figura 2.5), a energia de ativação do processo depende da magnitude desta diferença de potencial.

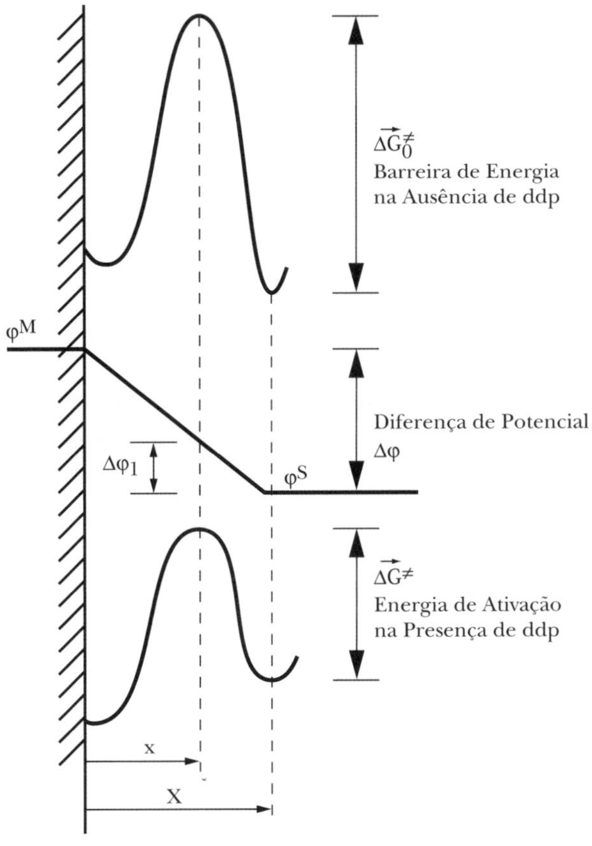

Figura 2.5 Efeito da diferença de potencial da interface eletrodo/solução sobre a barreira de energia de ativação. O valor da diferença de potencial pode ser alterado externamente com o auxílio de um potenciostato.

Deve-se lembrar também que a diferença de potencial entre o eletrodo e a solução aparece naturalmente nas interfaces eletroquímicas e pode ser alterada externamente (diminuída ou aumentada) com o auxílio de um potenciostato. Assim, pode-se representar a diferença de potencial total ($\Delta\varphi$) através de uma equação do tipo

$$\Delta\varphi = \Delta\varphi_e + \eta \quad , \tag{2.14}$$

onde $\Delta\varphi_e$ é a diferença de potencial já existente para o sistema em equilíbrio (diferença de potencial elétrico entre o metal e a solução quando a corrente não circula) e η é a contribuição externa imposta pelo potenciostato chamada de *sobrepotencial ou sobretensão.* De acordo com a equação acima, o valor de $\Delta\varphi$ poderá ser estabelecido maior ou menor que $\Delta\varphi_e$, ajustando-se o potenciostato para introduzir sobrepotenciais negativos ou positivos. Para um sistema experimental formado por três eletrodos, conforme ilustrado na Figura 1.4 do capítulo 1, pode-se observar facilmente que

$$\eta = E - E_e \quad . \tag{2.15}$$

Através de considerações mecânico-quânticas, demonstra-se que para a transferência de um elétron a energia de ativação dos processos catódico e anódico relaciona-se com a diferença de potencial existente na interface ($\Delta\varphi$) através das equações:

$$\Delta\vec{G}^{\neq} = \Delta\vec{G}_0^{\neq} + F\beta\Delta\varphi = \Delta\vec{G}_0^{\neq} + F\beta\left(\Delta\varphi_e + \eta\right) \tag{2.16}$$

$$\Delta\overleftarrow{G}^{\neq} = \Delta\overleftarrow{G}_0^{\neq} - F(1-\beta)\Delta\varphi = \Delta\overleftarrow{G}_0^{\neq} - F(1-\beta)\left(\Delta\varphi_e + \eta\right) \quad , \tag{2.17}$$

onde

$$\Delta\vec{G}_0^{\neq} \text{ e } \Delta\overleftarrow{G}_0^{\neq}$$

são as energias de ativação dos correspondentes processos na ausência de campos elétricos e β é uma constante denominada de fator de simetria.

Do ponto de vista clássico, a origem das equações 2.16 e 2.17 pode ser facilmente discutida em termos dos gráficos da Figura 2.5.

A curva superior representa a barreira de energia de ativação na ausência de diferença de potencial elétrico na interface, que poderia ser interpretada como a contribuição puramente química a um processo que, na realidade, apresenta características eletroquímicas.

Para facilitar a compreensão dos fenômenos, considere apenas o processo catódico, para o caso particular de uma espécie catiônica com valência $z = 1$. Ao aproximar-se do eletrodo, esta espécie deve vencer a barreira química de energia ($\Delta\vec{G}_0^{\neq}$) ao mesmo tempo em que é repelida (carga no eletrodo positiva) ou atraída (carga no eletrodo negativa) em função da diferença de potencial elétrico existente na interface. Em conseqüência, a energia de ativação efetiva será dada pelas contribuições química e elétrica, ou seja,

$$\Delta\vec{G}^{\neq} = \Delta\vec{G}_0^{\neq} + \Delta\vec{G}_{el}^{\neq} \quad , \tag{2.18}$$

onde $\Delta\vec{G}_{el}^{\neq}$ é diferença de energia elétrica da espécie em sua posição no máximo de energia potencial (x) e aquela correspondente à posição inicial (X). Esta grandeza pode ser calculada a partir do valor de $\Delta\varphi_1$ (Figura 2.5) e utilizando as leis da eletrostática. Assim teremos para um íon de carga positiva:

$$\Delta\vec{G}_{el}^{\neq} = z_i e\,\Delta\varphi_1 = e\,\Delta\varphi_1 \tag{2.19}$$

ou equivalentemente, para um mol de íons:

$$\Delta\vec{G}_{el}^{\neq} = F\,\Delta\varphi_1 \quad . \tag{2.20}$$

A dificuldade de utilização desta última equação é que $\Delta\varphi_1$ não é acessível experimentalmente. Para contornar este problema, assume-se que $\Delta\varphi_1$ é proporcional à diferença de potencial total da interface ($\Delta\varphi$, ver Figura 2.5), sendo a constante de proporcionalidade denominada de β. Assim, obtém-se:

$$\Delta\vec{G}_{el}^{\neq} = \beta\,F\Delta\varphi \tag{2.21}$$

que substituída na equação 2.18 resulta exatamente na equação 2.16. O caso do processo anódico pode ser tratado de forma semelhante.

Na forma em que foi definido, o fator de simetria é um número adimensional cujo valor varia entre 0 e 1. O seu significado relaciona-se com a simetria da barreira de energia de ativação, conforme pode ser visto na Figura 2.5, de onde, de acordo com as distâncias colocadas, pode-se deduzir facilmente que $\beta = 1 - x/X$. Assim, nota-se que, dependendo do valor de x, a posição do máximo da barreira desloca-se, tornando-se simétrica quando $x = X/2$ ou equivalentemente quando $\beta = 1/2$. Esta é uma aproximação cotidianamente feita nos estudos eletroquímicos.

Fisicamente, podemos considerar que a barreira de energia de ativação surge como resultado da ruptura de ligações (químicas, de Van der Waals ou equivalentes entre a espécie eletroativa e o solvente) que começa a ocorrer no momento em que a espécie eletroativa inicia sua trajetória em direção ao eletrodo. Este evento leva a um aumento da energia potencial da espécie até que esta inicia a interação atrativamente com a superfície do eletrodo em função de uma nova ligação química (metal-espécie eletroativa) que começa a ser estabelecida. Em termos moleculares, o posicionamento do máximo da barreira de energia depende das magnitudes das forças envolvidas nos dois processos químicos acima considerados e de como elas variam com a distância. Assim, a prática comum de adotar-se $\beta = 1/2$ (barreira simétrica) corresponde a assumir a validade de leis idênticas para descrever ambos os processos envolvidos. Adicionalmente, como também se assume β independente do potencial do eletrodo, conclui-se que as forças químicas consideradas não dependem desta variável eletroquímica. Os inúmeros exemplos práticos de sucesso da aplicação dos conceitos acima considerados servem para indicar a validade deste modelo.

Para completar a análise cinética do processo eletroquímico, devem-se combinar as equações 2.11, 2.12, 2.13, 2.16 e 2.17, obtendo-se:

$$i = F\,\vec{k}_1 C_O \exp\left(-\frac{\Delta\vec{G}_o^{\neq} + F\beta(\Delta\varphi_e + \eta)}{RT}\right) -$$

$$- F\,\overleftarrow{k}_1 C_R \exp\left(-\frac{\Delta\overleftarrow{G}_o^{\neq} - F(1-\beta)(\Delta\varphi_e + \eta)}{RT}\right) \qquad (2.22)$$

Esta equação pode ser simplificada reconhecendo-se que quando $\eta = 0$ o sistema encontra-se no estado de equilíbrio e, conseqüentemente, $i = 0$. Se esta condição é imposta sobre a equação 2.22, obtém-se:

$$i_o = F\,\vec{k}_1 C_O \exp\left(-\frac{\Delta\vec{G}_o^{\neq} + F\,\beta\,\Delta\varphi_e}{RT}\right) =$$

$$= F\,\overleftarrow{k}_1 C_R \exp\left(-\frac{\Delta\overleftarrow{G}_o^{\neq} - F\,(1-\beta)\,\Delta\varphi_e}{RT}\right) \quad , \tag{2.23}$$

onde i_o é a *densidade de corrente de intercâmbio* do sistema — uma grandeza característica da reação envolvida e do material eletródico empregado. Assim, tendo como base a expressão de i_o, a equação 2.22 toma a forma:

$$i = i_o\left[\exp-\left(\frac{\beta F\eta}{RT}\right) - \exp\left(\frac{(1-\beta)F\eta}{RT}\right)\right] \quad . \tag{2.24}$$

Esta equação é denominada de *equação de Butler-Volmer*, pois foram estes dois pesquisadores os primeiros a fazer a sua apresentação na literatura. Ela também pode ser expressa em termos do potencial eletródico (E), por substituição direta da equação 2.15 na equação 2.24. Neste ponto, é interessante discutir a aplicabilidade das equações 2.23 e 2.24 para diversas situações experimentais.

SISTEMAS EM EQUILÍBRIO ($\eta = 0$)

Quando o sistema está em equilíbrio ($i = 0$), por meio da equação 2.23 pode-se escrever:

$$F\,\vec{k}_1 C_O \exp\left(-\frac{\Delta\vec{G}_o^{\neq} + F\,\beta\,\Delta\varphi_e}{RT}\right) =$$

$$= F\,\overleftarrow{k}_1 C_R \exp\left(-\frac{\Delta\overleftarrow{G}_o^{\neq} - F\,(1-\beta)\Delta\varphi_e}{RT}\right) \tag{2.25}$$

que pode ser reescrita como

$$\Delta\varphi_e = \Delta\varphi_e^o - \frac{RT}{F}\ln\left(\frac{C_O}{C_R}\right) , \tag{2.26}$$

onde

$$\Delta\varphi_e^o = -\frac{(\Delta\vec{G}_o^{\neq} - \Delta\overleftarrow{G}_o^{\neq})}{F} + \frac{RT}{F}\ln\frac{\vec{k}_1}{\overleftarrow{k}_1} . \tag{2.27}$$

Conforme foi mencionado anteriormente, $\Delta\varphi_e$ corresponde à diferença de potencial elétrico entre a solução e o metal para a interface eletrodo/solução em equilíbrio. Assim, observa-se que a equação 2.26 corresponde exatamente à equação de Nernst para a reação eletroquímica representada na equação 2.4 expressa em termos das concentrações dos reagentes e produtos em lugar das correspondentes atividades. O termo $\Delta\varphi_e^o$ relaciona-se com a diferença de potencial quando reagente e produto estão presentes em concentrações unitárias, conforme pode ser facilmente observado através da equação 2.26.

SISTEMAS EM CONDIÇÕES PRÓXIMAS DO EQUILÍBRIO ($\eta \to 0$)

Quando $\eta \to 0$ os expoentes contidos na equação 2.24 são grandezas pequenas, de forma que os termos exponenciais podem ser expandidos em série. Lembrando que

$$e^{\pm x}(x \to 0) = 1 \pm x + \frac{x^2}{2!} \pm \frac{x^3}{3!} + \ldots \approx 1 \pm x \tag{2.28}$$

a equação 2.24 pode ser escrita:

$$i = i_o\left(1 - \frac{\beta F\eta}{RT} - 1 - \frac{(1-\beta)F\eta}{RT}\right) \tag{2.29}$$

$$i = -\frac{i_o F\eta}{RT} . \tag{2.30}$$

Assim, para estas condições, observa-se que a densidade de corrente varia linearmente com o sobrepotencial eletródico, conforme ilustra a Figura 2.6. Experimentalmente, verifica-se que a equação 2.30 é válida apenas para sobrepotenciais até 20 mV. Para um sistema que apresenta valores de i_o elevados, isto pode corresponder a valores bastante elevados de densidades de corrente, como é o caso, por exemplo, da reação de oxidação de hidrogênio sobre platina em meio ácido.

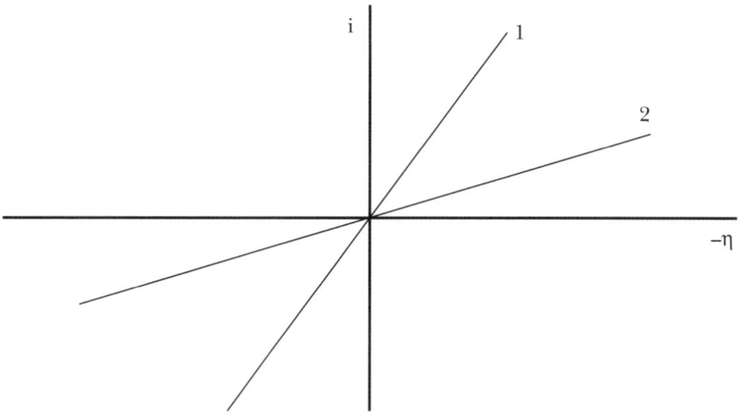

Figura 2.6 Variação da densidade de corrente com o sobrepotencial para baixos sobrepotenciais (< 20 mV), de acordo com a equação 2.26: (1) corrente de intercâmbio elevada; (2) corrente de intercâmbio moderadamente pequena.

SISTEMAS AFASTADOS DO EQUÍLIBRIO NA DIREÇÃO CATÓDICA ($\eta << 0$)

Neste caso, observa-se que o termo com expoente positivo na equação 2.24 torna-se muito pequeno, ou seja,

$$\exp-\left(\frac{\beta F\eta}{RT}\right) >> \exp\left(\frac{(1-\beta)F\eta}{RT}\right) \tag{2.31}$$

e, portanto, a equação 2.24 toma a forma:

$$i = i_0 \exp-\left(\frac{\beta F\eta}{RT}\right) \tag{2.32}$$

que pode ser reescrita como

$$\eta = \frac{RT}{\beta F} \ln i_o - \frac{RT}{\beta F} \ln i \quad , \tag{2.33}$$

indicando que um gráfico de η em função de $\ln(i)$ deve fornecer uma reta cujo coeficiente angular é

$$-\frac{RT}{\beta F}$$

e cujo coeficiente linear é

$$\frac{RT}{\beta F} \ln i_o$$

conforme ilustra o gráfico da Figura 2.7.

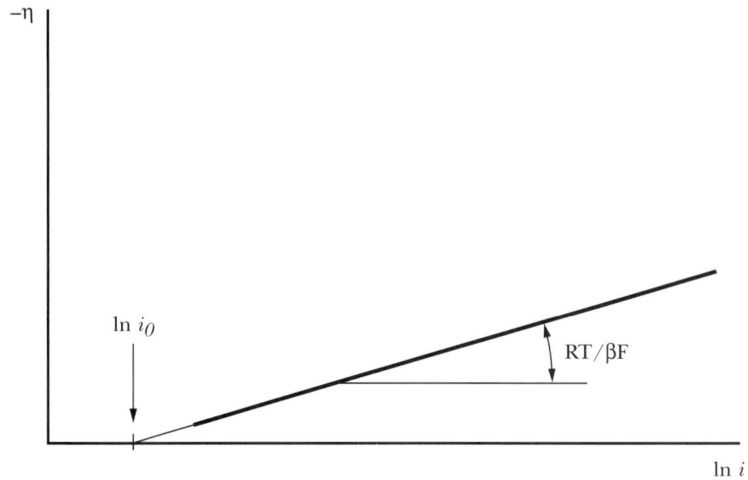

Figura 2.7 Diagrama de Tafel obtido de acordo com a equação 2.29. No diagrama ilustram-se os parâmetros cinéticos que podem ser obtidos através desta representação dos dados da polarização do eletrodo.

Observa-se que a equação 2.33 tem a forma:

$$\eta = a - b \ln i \tag{2.34}$$

que é conhecida na literatura clássica de eletroquímica como *equação de Tafel*, pois em 1905 este autor propôs esta relação para representar empiricamente os dados da polarização de um eletrodo de platina frente a reação de desprendimento de hidrogênio em meio ácido. A expressão é ainda hoje largamente utilizada para interpretar os resultados da polarização eletródica para inúmeras situações experimentais controladas pela cinética da transferência de carga.

SISTEMAS AFASTADOS DO EQUILÍBRIO NA DIREÇÃO ANÓDICA ($\eta >> 0$)

Analogamente ao caso anterior, obtém-se:

$$\eta = -\frac{RT}{(1-\beta)F}\ln|i_o| + \frac{RT}{(1-\beta)F}\ln|i| \tag{2.35}$$

Observa-se que também neste caso, pode-se representar η como uma função linear de $\ln|i|$, fato que igualmente tem sido explorado para o estudo de diversos sistemas experimentais. Maiores detalhes sobre as implicações práticas das equações desenvolvidas serão apresentadas no capítulo 5.

2.3.2 Processos Multieletrônicos

Os inúmeros exemplos em eletroquímica mostram que as reações de transferência de carga podem envolver mais de um elétron e, portanto, devem ocorrer em mais de uma etapa já que a probabilidade de transferência simultânea de dois elétrons por efeito túnel é praticamente nula. Para estes casos, o tratamento cinético do sistema é mais complicado, exigindo, por exemplo, que sejam identificados o mecanismo e a etapa determinante de velocidade. Isto feito, o procedimento de cálculo é similar ao que foi acima discutido para o processo envolvendo apenas um elétron.

Para exemplificar os procedimentos, considere a reação de oxidação de hidrogênio em meio ácido. O mecanismo aceito para esta reação é formado por uma etapa primária química ou eletroquímica de adsorção (*M* é o material do eletrodo):

$$H_2 + 2M \underset{v_{-1}}{\overset{v_1}{\rightleftharpoons}} 2MH \quad \text{(reação de Tafel)} \tag{2.36}$$

$$H_2 + M \underset{v_{-2}}{\overset{v_2}{\rightleftharpoons}} MH + H^+ + e^- \quad \text{(reação de Heyrovsky)} \tag{2.37}$$

seguidas por uma etapa de descarga do hidrogênio atômico adsorvido (MH) dada por:

$$MH \underset{v_{-3}}{\overset{v_3}{\rightleftharpoons}} M + H^+ + e^- \quad \text{(reação de Volmer).} \tag{2.38}$$

Para um dado material eletródico, as velocidades das reações 2.36 e 2.37 podem ser bastante diferentes entre si e o mecanismo da reação poderá ser formado preponderantemente pelas etapas de Tafel/Volmer ou, alternativamente, pelas etapas de Heyrovsky/Volmer. Outra possibilidade é que as velocidades de todas as reações sejam próximas entre si, de forma que um mecanismo concertado pode ser considerado, ou seja,

$$H_2 \underset{v_{-4}}{\overset{v_4}{\rightleftharpoons}} 2H^+ + 2e^- \quad \text{(descarga direta)} \tag{2.39}$$

que pode ser classificado como irreversível, se as constantes de velocidade da reação k_4 e k_{-4} forem pequenas, ou reversível, se forem grandes o suficiente para que o equilíbrio resultante possa ser descrito pela equação de Nernst.

Supondo-se que para um dado material eletródico o mecanismo da reação se processe através da etapa de Heyrovsky seguida pela etapa de Volmer, do ponto de vista cinético, duas situações podem ocorrer:

a. A etapa de Heyrovsky é mais lenta que a de Volmer sendo, portanto, a etapa determinante de velocidade (edv).
b. A etapa de Volmer é mais lenta que a de Heyrovsky sendo, portanto, a edv.

Qualquer uma das situações pode ser tratada cineticamente, porém, os cálculos para apenas um destes dois casos será exemplificado.

MECANISMO DE HEYROVSKY/VOLMER, TENDO VOLMER COMO EDV

Assumindo que a reação de Volmer é a etapa determinante de velocidade, pode-se considerar que a reação de Heyrovsky está em equilíbrio, ou seja, mesmo que a espécie MH seja consumida pela reação subseqüente, o sistema reage e instantaneamente reestabelece o equilíbrio. Para este caso, pode-se assumir a validade da equação de Nernst, ou seja,

$$E = E^o - \frac{RT}{F}\ln\left(\frac{\theta C_{H^+}}{(1-\theta)C_{H_2}}\right) , \qquad (2.40)$$

onde θ é a fração da superfície recoberta pelos átomos de hidrogênio adsorvido

$$\theta = C_H / C_H^{\max} .$$

Este termo foi empregado em substituição aos valores reais das concentrações de

$$\mathrm{M} - C_H \quad \text{e} \quad \mathrm{M}\left(C_H^{\max} - C_H\right)$$

que são, a princípio, desconhecidos. A vantagem de se utilizar θ é que este termo pode ser determinado experimentalmente através de diversas técnicas.

Considerando-se a equação 2.15, a equação 2.40 pode ser escrita na forma:

$$\frac{\theta}{1-\theta} = \frac{C_{H_2}}{C_{H^+}} Z_1 \exp\left[-\frac{F\eta}{RT}\right] , \tag{2.41}$$

onde Z_1 é uma constante dada por

$$Z_1 = \exp\left[-\frac{F}{RT}\left(E^0 - Ee\right)\right] .$$

Observe-se que quando o sistema está em equilíbrio ($\eta = 0$) a equação 2.41 toma a forma equivalente à da isoterma de Langmuir apresentada no capítulo 1.

A corrente elétrica que circula no circuito externo será determinada pela velocidade da reação de Volmer, ou seja,

$$i = \frac{v_3}{F} = \vec{k}_3\theta \tag{2.42}$$

que, de forma inteiramente análoga ao desenvolvimento de Butler-Volmer, para altos sobrepotenciais anódicos (equação 2.35), resulta em

$$|i| = Z_2\theta \exp\left[\frac{(1-\beta)F\eta}{RT}\right] , \tag{2.43}$$

onde Z_2 é uma constante relacionada com a corrente de intercâmbio.

Observe que na equação 2.43 a corrente que circula no eletrodo é função do sobrepotencial e do grau de recobrimento que, por sua vez, também depende do sobrepotencial. Como o que interessa é desenvolver uma expressão para i dependente apenas do sobrepotencial, o passo seguinte será substituir a equação 2.41 na equação 2.43. Entretanto, na forma em que a equação 2.41 está apresentada, o resultado não será trivial. Para facilitar o passo matemático, podemos considerar dois casos particulares:

a. O grau de recobrimento é pequeno

   Nestas circunstâncias pode-se assumir $1 - \theta \cong 1$. Assim, a equação 2.41 toma a forma:

$$\theta = \frac{C_{H_2}}{C_{H^+}} Z_1 \exp\left[\frac{F\eta}{RT}\right] \tag{2.44}$$

que substituída na equação 2.43 resulta:

$$|i| = \frac{C_{H_2}}{C_{H^+}} Z_3 \exp\left[\frac{(2-\beta)F\eta}{RT}\right] \tag{2.45}$$

ou, rearranjando em termos do logaritmo decimal,

$$\eta = -\frac{2,303(RT)}{(2-\beta)F}\log Z_4 + \frac{2,303(RT)}{(2-\beta)F}\log|i| \quad , \tag{2.46}$$

obtém-se a equação de Tafel teórica correspondente ao caso considerado. Nesta equação Z_4 assume exatamente o significado da corrente de intercâmbio para a etapa considerada.

b. O grau de recobrimento é elevado ($\theta \to 1$)
Neste caso, pode-se assumir $\theta \cong 1$ na equação 2.43, de forma que ela pode ser reescrita como

$$|i| = Z_2 \exp\left[\frac{(1-\beta)F\eta}{RT}\right] \tag{2.47}$$

que corresponde à equação de Butler-Volmer derivada para um processo monoeletrônico preponderantemente anódico. Assim, para este caso particular, a equação final é exatamente aquela descrita pela equação 2.35, ou seja, em logaritmos decimais,

$$\eta = -\frac{2,303(RT)}{(1-\beta)F}\log Z_2 + \frac{2,303(RT)}{(1-\beta)F}\log|i| \tag{2.48}$$

que representa a equação de Tafel teórica para a situação considerada. Nesta equação, Z_2 assume exatamente o mesmo significado da corrente de intercâmbio para a etapa considerada.

Assim, foram derivadas as equações cinéticas para dois casos particulares em que a reação de oxidação de hidrogênio se verifica através de um mecanismo Heyrovsky/Volmer, tendo Volmer como a etapa determinante de velocidade. A equação 2.46 é válida nas condições em que o processo ocorre com baixos recobrimentos de H adsorvido, enquanto a equação 2.48 aplica-se aos casos em que o recobrimento tende a ser total.

Considerando um caso em que a investigação experimental é feita a 25°C, substituindo os valores de R e F e, ademais, assumindo-se, como já foi discutido anteriormente, $\beta = 1/2$, nota-se através das equações 2.46 e 2.48 que os coeficientes de Tafel deverão resultar em $b = 40$ mV/dec para $\theta \rightarrow 0$ e 120 mV/dec para $\theta \rightarrow 1$. Assim, se para um determinado estudo experimental um ou outro valor for encontrado, tal fato poderá servir de diagnóstico para uma proposição mecanística e cinética para a reação.

Entretanto, deve-se mencionar que o valor correto do coeficiente de Tafel é uma condição necessária, porém, não suficiente para diagnosticar um mecanismo ou uma situação cinética. Poderão existir uma ou várias outras possibilidades que levam ao mesmo valor do coeficiente angular. Apenas para ilustrar este fato, na Tabela 2.1 é feito um resumo dos valores dos coeficientes de Tafel obtidos para as várias situações mecanísticas e cinéticas da

Tabela 2.1 Coeficientes de Tafel teóricos para os vários mecanismos e situações cinéticas da reação de oxidação de hidrogênio em meio ácido.

Mecanismo	**Etapa Determinante**	**Isoterma de Adsorção**	**b (mV/dec)**
Descarga direta (reversível)	—	—	30
Descarga Direta (irreversível)	—	—	60
Tafel/Volmer	Tafel	Temkin ativada	70
Tafel/Volmer	Volmer	Langmuir ($\theta \rightarrow 0$)	120
Heyrovsky/Volmer	Heyrovsky	Temkin ativada	70
Heyrovsky/Volmer(*)	Volmer	Langmuir ($\theta \rightarrow 0$)	40
Heyrovsky/Volmer(*)	Volmer	Langmuir ($\theta \rightarrow 1$)	120

(*) casos tratados nesta seção.

reação de oxidação de hidrogênio. Observa-se que embora em muitos casos o diagnóstico poderá ser inequívoco, em outros, os desenvolvimentos teóricos de situações distintas levam ao mesmo valor do coeficiente de Tafel.

2.4 POLARIZAÇÃO POR QUEDA ÔHMICA

Conforme foi mencionado na seção 2.2 deste capítulo, um sistema eletroquímico prático normalmente contém uma concentração elevada da espécie eletroativa e também de um eletrólito suporte para garantir que as polarizações por transporte de massa e por queda ôhmica sejam pequenas. Entretanto, especialmente no caso da queda ôhmica, verifica-se que seus efeitos podem ser minimizados, porém nunca completamente eliminados. Isto acontece porque sempre existe, por menor que seja, uma resistência à passagem da corrente elétrica para qualquer eletrólito.

Na Figura 2.8, ilustra-se um diagrama de um sistema eletroquímico de três eletrodos em que o efeito ôhmico está presente.

Considere a situação hipotética correspondente a um sistema que se apresenta livre das polarizações por ativação e por transporte de massa. Lembrando que o comportamento elétrico dos eletrólitos é governado pela lei de Ohm, verifica-se que para o processo catódico representado na equação 2.4 as dependências do potencial eletródico (E_m *versus* eletrodo de referência) e da diferença de potencial entre o eletrodo de trabalho e o secundário ($\Delta V = E(\text{cátodo}) - E(\text{ânodo})$) em função da corrente são dadas pelas expressões:

$$E_m = E_s^e - R_r I \tag{2.49}$$

$$\Delta V = \Delta V_o - R_c I \quad , \tag{2.50}$$

onde:

I = corrente elétrica

$$R_i = \frac{\rho l_i}{A}$$

ρ = resistividade do eletrólito

A = área do eletrodo de trabalho

l_r = distância entre o eletrodo de trabalho e o plano do eletrólito onde se posiciona a ponta do eletrodo de referência

l_c = distância entre o cátodo e o ânodo

ΔV_o = diferença de potencial para corrente igual a zero

E_s^e = potencial do eletrodo de trabalho para corrente igual a zero

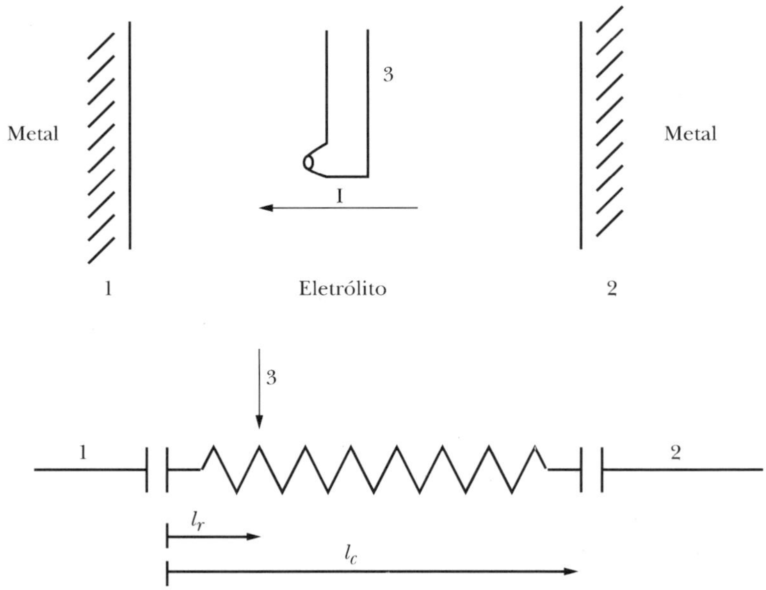

Figura 2.8 Diagrama de um sistema eletroquímico em que o efeito de queda ôhmica está presente. Representação elétrica simplificada do circuito eletroquímico: (1) eletrodo de trabalho; (2) eletrodo secundário; (3) ponta do eletrodo de referência.

Através da equação 2.50 conclui-se que para sistemas espontâneos ($\Delta V_o > 0$), ou seja, para pilhas, baterias, células a combustível etc., o efeito ôhmico sempre leva a uma diminuição da voltagem e, conseqüentemente, a uma perda da potência de saída. Por outro lado, para sistemas não espontâneos ($\Delta V < 0$), como, por exemplo, os eletrolisadores, observa-se um aumento da magnitude da voltagem e, conseqüentemente, um aumento da potência de entrada devido à presença do efeito ôhmico.

Nota-se, a partir do diagrama da Figura 2.8 e das equações acima apresentadas, que o efeito ôhmico depende fortemente da geometria do sistema experimental, em particular das distâncias entre o eletrodo de trabalho e os centros de referência para a medida dos potenciais. Para o caso de reações infinitamente rápidas e na ausência de efeitos difusionais, a dependência do potencial do eletrodo ou do potencial da célula em função da corrente pode ser representada por uma linha reta, conforme ilustra o diagrama da Figura 2.9.

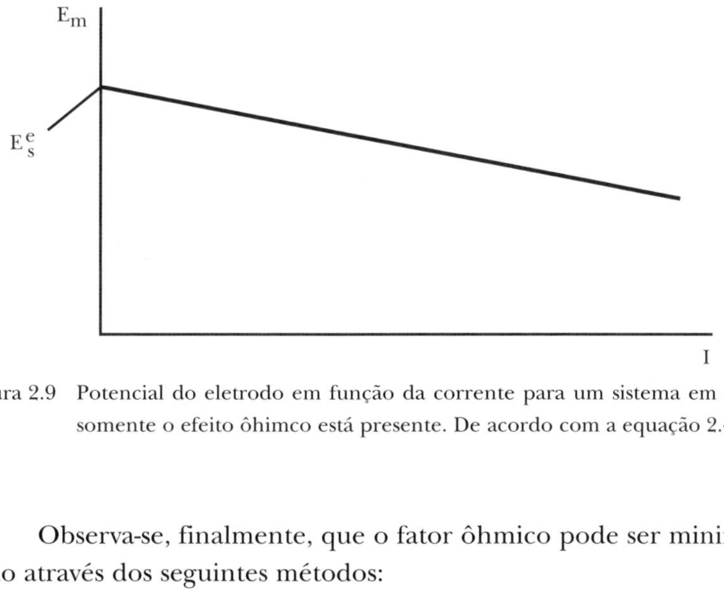

Figura 2.9 Potencial do eletrodo em função da corrente para um sistema em que somente o efeito ôhimco está presente. De acordo com a equação 2.49.

Observa-se, finalmente, que o fator ôhmico pode ser minimizado através dos seguintes métodos:

a. Diminuindo-se as distâncias entre o eletrodo de trabalho e o de referência para as medidas dos potenciais.
b. Aumentando-se a temperatura, que provocará uma diminuição de ρ.
c. Trabalhando-se com concentrações elevadas do eletrólito, para as quais ρ é menor.

d. Colocando-se no sistema experimental eletrólitos altamente condutores, como é o caso dos ácidos e bases.

Verifica-se para a maioria dos sistemas experimentais que o termo RI será importante, caso os arranjos experimentais sejam adequados somente para densidades de correntes relativamente elevadas, ou seja, maiores que 100 mA/cm^2.

2.5 POLARIZAÇÃO POR TRANSPORTE DE MASSA

Nesta seção, vamos considerar uma situação hipotética correspondente a um sistema que se apresenta livre das polarizações por ativação e por queda ôhmica. Uma situação onde isto acontece com boa aproximação é aquela em que a reação eletródica é tão rápida a ponto de poder ser representada por:

$$O + ne^- \rightleftharpoons R \tag{2.51}$$

o que indica a existência de um equilíbrio entre O e R na superfície garantindo que, mesmo que uma das espécies seja consumida por uma reação, o sistema reage instantaneamente e reestabelece o equilíbrio.

Para uma situação em que um eletrólito suporte conduz a corrente através da solução, existem dois mecanismos que podem estar envolvidos no transporte de massa em direção ao eletrodo:

a. Convecção: é o transporte de matéria causado pela agitação da solução provocada por um agitador magnético ou mecânico, por gradientes térmicos, por gradientes de densidade etc.
b. Difusão: é o transporte de espécies devido à ação de gradientes de potencial químico ou gradientes de concentração.

Para um sistema eletroquímico em repouso, na presença de um eletrólito suporte que apresenta concentrações relativamente baixas de reagentes e produtos, verifica-se que o mecanismo preponderante para o transporte de matéria é a difusão. Nestas circunstâncias, a polarização por transporte de massa recebe o nome particular de *polarização por difusão* ou *polarização por concentração*. Para estes sistemas, a derivação da relação corrente-potencial pode ser feita em termos de três equações denominadas de equações fundamentais da cinética de difusão. Em virtude da importância que os sistemas nos quais participa a difusão têm nos métodos eletroquímicos para o estudo da cinética de reações eletródicas, as características deste processo serão examinadas em detalhe.

PRIMEIRA EQUAÇÃO FUNDAMENTAL DA CINÉTICA DE DIFUSÃO

Considera-se que a ocorrência da reação eletroquímica leva a um consumo da espécie eletroativa nas vizinhanças do eletrodo, resultando em uma diminuição de sua concentração em função da distância (Figura 2.10), com o conseqüente aparecimento do processo difusional. Para o caso em que a difusão de espécies em direção a superfície do eletrodo é a etapa determinante da velocidade do processo eletroquímico, considera-se também que a espécie eletroativa

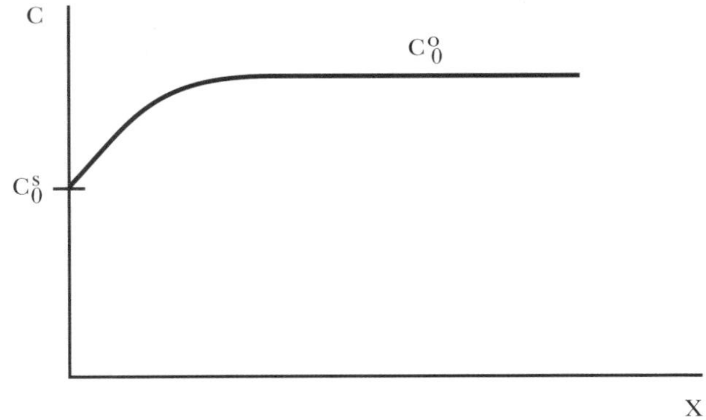

Figura 2.10 Variação da concentração da espécie reagente (O) em função da distância do eletrodo.

reage instantaneamente, na medida em que atinge a superfície do eletrodo. Nestas condições, a densidade de corrente elétrica que circula será limitada pelo fluxo (j) de espécie que atinge a superfície e será dada, de acordo com a lei de Faraday, pela expressão:

$$i = -nF(j)_{x=0} \quad , \tag{2.52}$$

onde o fluxo j representa o número de moles da espécie O que atinge a superfíce do eletrodo por unidade de área e por unidade de tempo. Alternativamente, a corrente também poderia ser representada pelo fluxo de espécies R que deixa a superfície e a expressão para a densidade de corrente seria idêntica à equação 2.52, exceto pelo sinal negativo.

Para o sistema representado na Figura 2.11, o fluxo de difusão ocorre perpendicularmente à superfície, exceto nas bordas do

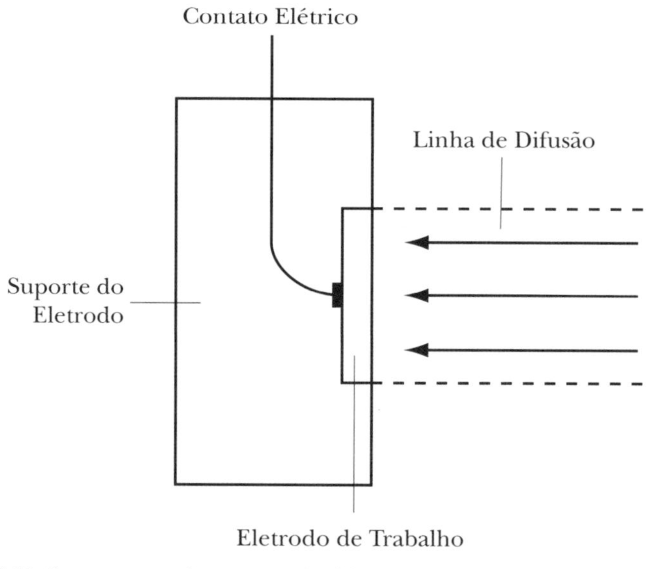

Figura 2.11 Componentes do processo de difusão de espécies à superfície eletródica. A equação de Fick (equação 2.53) é válida quando as linhas de difusão são perpendiculares à superfície do eletrodo. Neste caso, o processo é denominado de difusão semi-infinita.

eletrodo. Negligenciando o efeito das bordas (o que é válido para um eletrodo com área maior que aproximadamente 0,2 cm^2) o fluxo pode ser calculado através da *primeira lei de Fick* que apresenta a forma:

$$j = -D_O\left(\frac{\partial C_O}{\partial x}\right) , \qquad (2.53)$$

onde $(\partial C_O/\partial x)$ é o gradiente de concentração que ocorre ao longo da distância (coeficiente angular da curva C_O *versus* x) e D_O é o coeficiente de difusão da espécie O. De acordo com a notação acima, j será positiva para o processo catódico; o sinal negativo diante da expressão da corrente foi colocado para se ajustar a esta condição; o sinal negativo da lei de Fick significa que o fluxo se processa na direção das concentrações mais elevadas para as mais baixas.

Combinando-se as equações 2.52 e 2.53 obtém-se:

$$i = nFD_O\left(\frac{\partial C_O}{\partial x}\right)_{x=0} \qquad (2.54)$$

que é a *primeira equação fundamental da cinética de difusão*, válida para um eletrodo plano com área relativamente grande (> 0,2 cm^2).

SEGUNDA EQUAÇÃO FUNDAMENTAL DA CINÉTICA DE DIFUSÃO

Considere uma situação em que a corrente elétrica é aplicada instantaneamente a partir de uma situação inicial em que $I = 0$. Nos primeiros instantes após a aplicação da corrente, observa-se que o potencial do eletrodo varia com o tempo, tendendo a um valor estacionário. Isto ocorre porque nos tempos transientes a concentração superficial das espécies que participam da reação eletroquímica varia com o tempo, resultando em perfis de concentrações, conforme apresentados na Figura 2.12.

Se a corrente não for muito elevada, no primeiro instante após a aplicação dela o consumo da espécie reagente será pequeno, de forma que a diminuição da concentração na superfície não será muito pronunciada, ocorrendo apenas em distâncias muito próximas do eletrodo. Com o transcorrer do tempo, a diminuição da concentração propaga-se ao longo da distância (nas vizinhanças do eletrodo) até que a situação assintoticamente tenda a atingir um estado estacionário.

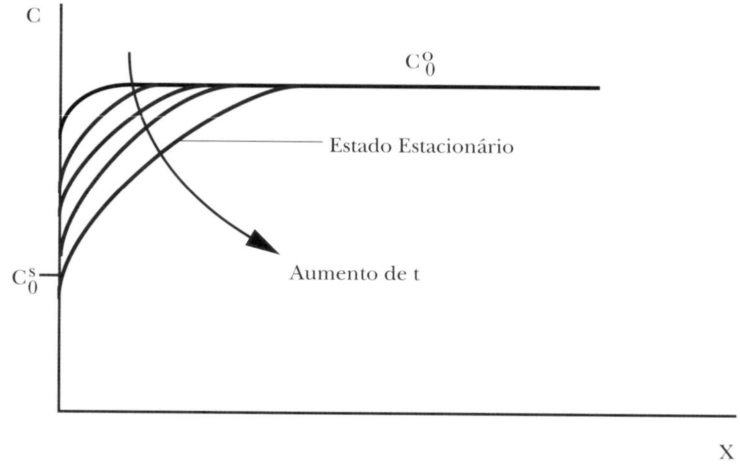

Figura 2.12 Variação dos perfis de concentração com o tempo. Alguns segundos após a aplicação da corrente, o sistema tende a atingir um estado quase estacionário.

Para resolver o problema nos tempos transientes em que os perfis de concentração dependem do tempo e da distância do eletrodo, utiliza-se a segunda lei de Fick, ou seja,

$$\frac{\partial C_O}{\partial t} = D_O \left(\frac{\partial^2 C_O}{\partial x^2} \right) \tag{2.55}$$

que estabelece a correlação entre a variação da concentração da espécie *O* com o tempo e com a distância do eletrodo. No caso dos sistemas eletroquímicos, a segunda lei de Fick corresponde também à *segunda equação fundamental da cinética de difusão*. Uma equação semelhante pode ser apresentada para a espécie *R*. Mais adiante, serão apresentados exemplos de aplicação dos conceitos aqui discutidos.

TERCEIRA EQUAÇÃO FUNDAMENTAL DA CINÉTICA DE DIFUSÃO

Conforme já mencionado, foi assumido nesta seção que a reação de transferência de carga é tão rápida a ponto de a reação 2.51

estar em equilíbrio, ou seja, existe um equilíbrio na superfície do eletrodo garantindo que, mesmo que uma das espécies seja consumida pela reação, o sistema reaja e instantaneamente reestabeleça o equilíbrio (princípio de Le Chatelier).

Para este sistema, pode-se assumir que a correlação entre as concentrações superficiais de O e de R e o potencial do eletrodo pode ser estabelecida através da equação de Nernst. Assim, para a reação em questão pode-se escrever:

$$E = E^{o} + \frac{RT}{nF}\ln\left(\frac{C_O^s}{C_R^s}\right) , \qquad (2.56)$$

onde C_i^s são as concentrações superficiais das espécies que participam do equilíbrio reacional. Para eletrodos de primeira espécie no caso em que a espécie R é um sólido (por exemplo, o metal do eletrodo), a equação de Nernst tem a forma:

$$E = E^{o} + \frac{RT}{nF}\ln C_O^s \ . \qquad (2.57)$$

Sem considerar o efeito da dupla camada sobre o perfil de concentração, quando não há a passagem de corrente elétrica, a concentração da espécie O é a mesma na superfície e no interior da solução e, assim sendo, a diferença de potencial do eletrodo a uma dada corrente com relação ao estado de equilíbrio em que $i = 0$ (sobrepotencial de difusão, η_{dif}) para um eletrodo de primeira espécie seria dada por:

$$\eta_{dif} = E - E_e \qquad (2.58)$$

$$\eta_{dif} = \frac{RT}{nF}\ln\left(\frac{C_O^s}{C_O^o}\right) , \qquad (2.59)$$

onde as equações 2.56, 2.57 e 2.59 são variantes da *terceira equação fundamental da cinética de difusão.*

2.5.1 Derivação da Expressão do Sobrepotencial de Difusão em Função da Densidade de Corrente

O esquema da Figura 2.13 ilustra o procedimento adotado para a aplicação das equações fundamentais sobre os sistemas experimentais. Adotando-se um caso simples de um eletrodo de primeira espécie, observa-se através da equação 2.59 que a relação de dependência do sobrepotencial de difusão com a densidade de corrente que circula pode ser estabelecida se a correspondente dependência da concentração superficial com a densidade de corrente for conhecida.

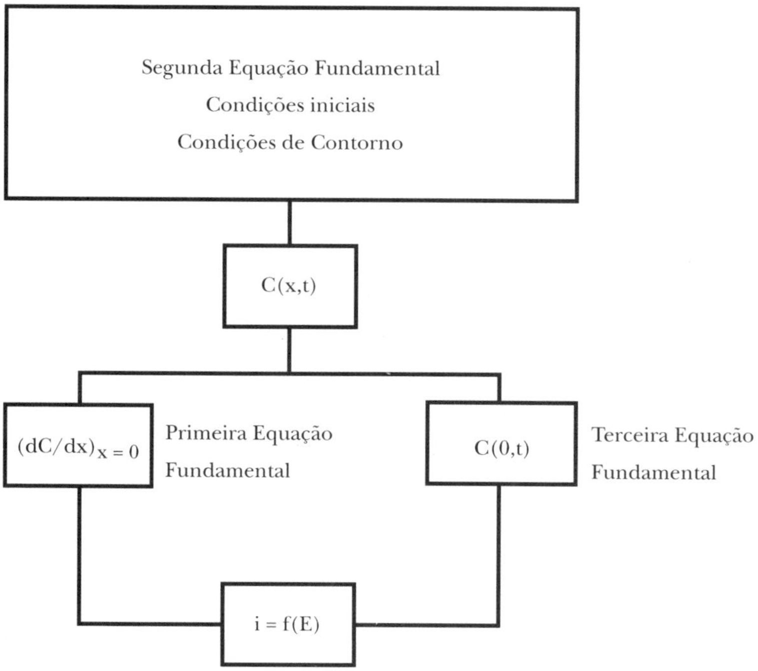

Figura 2.13 Procedimento a ser adotado para a aplicação das três equações fundamentais da cinética de difusão sobre os problemas experimentais. As condições iniciais e de contorno são as variantes introduzidas pelo método experimental usado no estudo.

Esta última dependência pode ser derivada através da solução da equação diferencial dada pela segunda equação fundamental, a partir da qual se obtém a expressão da variação da concentração da espécie O em função do tempo e da distância do eletrodo, $C_O(x,t)$. Substituindo-se a expressão de $C_O(x,t)$, que é conhecida na primeira equação fundamental, é possível estabelecer a correlação entre $C_O^s \equiv C_O(0,t)$ e a densidade de corrente. Esta última relação é então substituída na terceira equação fundamental, obtendo-se a relação de dependência do sobrepotencial de difusão em função da densidade de corrente.

Para que este procedimento seja viável, é necessário conhecer detalhes relacionados com o sistema experimental e com técnica eletroquímica que está sendo aplicada na investigação prática. Em outras palavras, será necessário conhecer as *condições iniciais* e *de contorno* do problema tratado. Estes assuntos serão discutidos com mais detalhes através dos exemplos apresentados a seguir, nos quais se focaliza a análise em função da técnica experimental empregada no estudo do sistema.

2.5.2 Polarização Estacionária

Para este tipo de experiência utiliza-se uma célula convencional com três eletrodos. A solução eletrolítica é formada por um reagente O apresentando concentração relativamente pequena (da ordem de 0,001 M) e por um eletrólito suporte que garante condutividade elétrica elevada. A espécie R não está inicialmente presente no meio eletrolítico e, neste exemplo, será considerada como insolúvel no meio reacional, correpondendo a um metal que se deposita no eletrodo (eletrodo de primeira espécie).

O experimento consiste em, a partir do sistema em equilíbrio ($i = 0$), aplicar correntes crescentes para a transformação de O em R, conforme representado na equação 2.51. Para cada corrente aplicada, esperar-se-á o tempo que for necessário para que o sistema atinja aproximadamente um estado estacionário, a partir do qual o sobrepotencial não depende do tempo (ou depende de forma insignificante com o tempo), significando que o perfil de concentração do reagente atingiu um estado muito próximo ao estacionário. Esta é uma situação aproximada pois, na prática, os sistemas aproximam-se assintoticamente do estado estacionário. Entretanto, assumindo-se que o estado estacionário foi atingido, o conjunto de condições iniciais e de contorno pode ser resumido:

a. Condições iniciais (antes da aplicação da corrente)

$$t = 0 \Rightarrow C_O(x,0) = C_O^o$$

$$t = 0 \Rightarrow C_R(x,0) = 0 \quad ,$$

ou seja, a concentração da espécie O independe da distância do eletrodo e corresponde ao valor da concentração da solução colocada no meio reacional C_O^o . A concentração de R será zero pois esta espécie não está inicialmente presente no meio eletrolítico.

b. Condições de contorno (após a aplicação da corrente e estabilização do potencial)

$t > 0$ e $x = 0$: $C_O(0, t) = C_O^s$

$t > 0$ e $x = 0$: $C_R(0,t)$ = constante (R é o material do eletrodo)

$t > 0$ *e* $x > \delta$: $C_o(x,t) = C_O^o$

Assume-se que em distâncias maiores ou iguais a um valor crítico denominado de *espessura da camada de difusão de Nernst* (δ) a concentração é igual a do interior da solução (Figura 2.14). Esta é uma aproximação feita para o nosso sistema e corresponde a dizer que ele pode ser tratado através de *difusão linear semi-infinita.*

A solução do problema inicia-se pela solução da equação diferencial dada pela segunda equação fundamental. Como se trata de difusão estacionária, sabe-se que

$$\frac{\partial C_O}{\partial t} = 0 \tag{2.60}$$

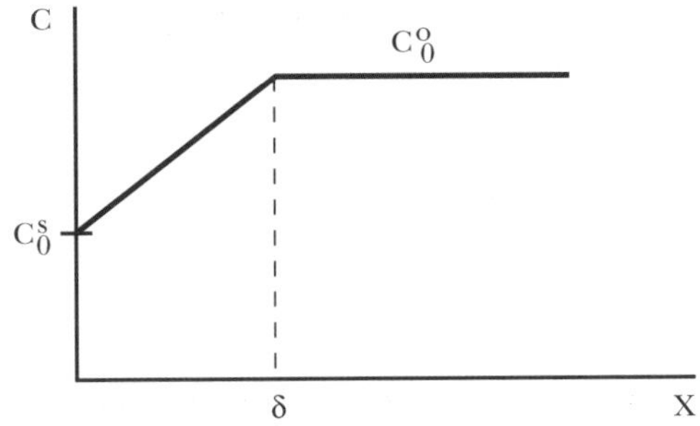

Figura 2.14 Aproximação feita para a difusão no estado estacionário: difusão linear semi-infinita. δ = espessura da camada de difusão de Nernst.

e, portanto,

$$\frac{\partial C_O}{\partial t} = D_O \left(\frac{\partial^2 C_O}{\partial x^2} \right) = 0 \quad . \tag{2.61}$$

Se a derivada segunda de uma função é igual a zero, sabe-se então que a derivada primeira da função é uma constante e, portanto, pode-se escrever:

$$\frac{dC_O}{dx} = cte \quad . \tag{2.62}$$

Observa-se por integração que a solução desta equação diferencial tem a forma:

$$C = a + b.x \quad , \tag{2.63}$$

onde *a* e *b* são as constantes de integração que podem ser extraídas a partir das condições iniciais e de contorno. Assim, verifica-se:

- quando $x = 0$, $C = C_O^s$ e, portanto, obtém-se que $a = C_O^s$;

- quando $x = \delta$, $C = C_O^o$ e, portanto, obtém-se que

$$b = \frac{C_O^o - C_O^s}{\delta} \quad ,$$

ou seja, a expressão para a concentração em função da distância toma a forma:

$$C\ (x) = C_O^s + \left(\frac{C_O^o - C_O^s}{\delta} \right) x \tag{2.64}$$

de onde se conclui que a derivada da concentração do reagente em função de *x* não depende de *x* e é dada por:

$$\frac{dC(x)}{dx} = \frac{C_O^o - C_O^s}{\delta} \quad , \tag{2.65}$$

observando-se também que o valor máximo do coeficiente angular será obtido quando $C_O^s = 0$.

A equação 2.65 pode ser utilizada para correlacionar a densidade de corrente com a concentração da espécie reagente conforme estabelecida pela primeira equação fundamental:

$$i = nFD_O \left(\frac{\partial C_O}{\partial x} \right)_{x=0} = nFD_O \left(\frac{C_O^o - C_O^s}{\delta} \right) \quad , \tag{2.66}$$

observando-se através desta equação que haverá uma densidade de corrente máxima para este sistema, atingida quando $C_O^s = 0$. Esta corrente é denominada de *densidade de corrente limite difusional* (i_d) e sua expressão será, portanto,

$$i_d = nFD_O \frac{C_O^o}{\delta} \quad . \tag{2.67}$$

Combinando-se as equações 2.66 e 2.67 obtém-se:

$$\frac{C_O^s}{C_O^o} = \left(1 - \frac{i}{i_d} \right) \tag{2.68}$$

que pode ser diretamente substituída na terceira equação fundamental da cinética de difusão desenvolvida para um eletrodo de primeira espécie (equação 2.69), obtendo-se:

$$\eta_{dif} = \frac{RT}{nF}\ln\left(\frac{C_O^s}{C_O^o}\right) = \frac{RT}{nF}\ln\left(1 - \frac{i}{i_d}\right) \qquad (2.69)$$

ou, alternativamente,

$$i = i_d\left[1 - \exp\left(\frac{nF}{RT}\eta_{dif}\right)\right] \qquad (2.70)$$

que é a expressão final para a relação entre a densidade de corrente e o sobrepotencial, obtida para o sistema considerado. Na Figura 2.15 ilustra-se o perfil da curva prevista pela equação 2.70.

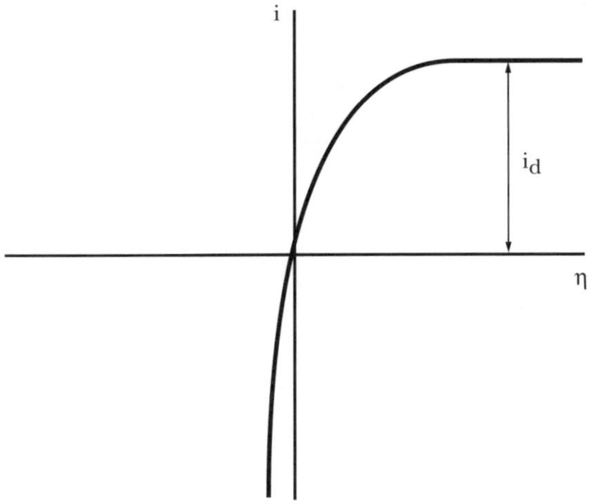

Figura 2.15 Sobrepotencial de difusão em função da densidade de corrente para a difusão estacionária. De acordo com a equação 2.70.

Alguns casos particulares da equação podem ser analisados:

a. Sistema em equilíbrio ($\eta_{dif} = 0$): A densidade de corrente será igual a zero, como esperado.

b. Sobrepotenciais no limite catódico ($\eta_{dif} \rightarrow -\infty$): O termo exponencial tenderá a zero, obtendo-se, neste caso, $i = i_d$. O processo catódico será limitado, como decorrência da baixa concentração da espécie *O* presente no sistema.
c. Sobrepotenciais no limite anódico ($\eta_{dif} \rightarrow +\infty$): O termo exponencial tenderá a infinito e a densidade de corrente terá um valor negativo elevado. Como, para um eletrodo de primeira espécie, este processo corresponde a dissolução do metal, não haverá, teoricamente, um limite para o processo anódico.

2.5.3 Polarização Estacionária com Eletrodo Rotatório

O sistema experimental é idêntico ao do caso anterior, exceto pelo fato de que o eletrodo de trabalho é submetido a um movimento rotatório com velocidade angular variável e controlada. O eletrodo metálico é embutido em um material isolante sendo que uma de suas faces é colocada em contato com a solução de trabalho. O conjunto é conectado a um sistema rotatório, conforme ilustra a Figura 2.16.

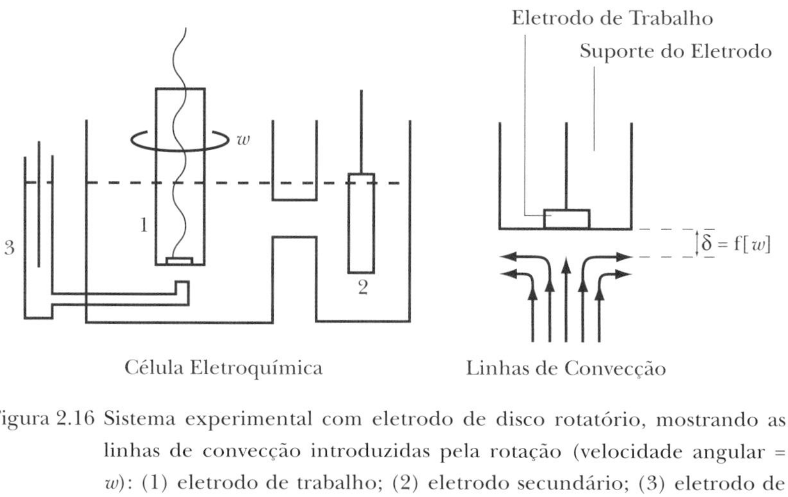

Figura 2.16 Sistema experimental com eletrodo de disco rotatório, mostrando as linhas de convecção introduzidas pela rotação (velocidade angular = w): (1) eletrodo de trabalho; (2) eletrodo secundário; (3) eletrodo de referência.

Na medida em que o eletrodo gira, estabelece-se um fluxo convectivo laminar na solução. Usando as leis da hidrodinâmica, verifica-se que há o estabelecimento da camada de difusão de Nernst (δ) (Figura 2.14), cujo valor depende da velocidade angular de rotação. Esta situação é muito melhor definida experimentalmente que a do caso anterior.

No interior da camada δ não há movimento da solução. Assim, internamente a esta camada, aparecem somente os fenômenos de difusão. Para cada velocidade angular, o sistema atinge o estado estacionário, que pode ser descrito de forma exatamente igual ao do caso anterior. A vantagem deste método é que δ pode ser calculado através das leis da hidrodinâmica:

$$\delta = \frac{D_O{}^{1/3}\upsilon^{1/6}}{0{,}62w^{1/2}} \quad , \tag{2.71}$$

onde υ é a viscosidade cinemática da solução expressa em cm^2/s e w a velocidade angular de rotação do eletrodo expressa em s^{-1} ($w = 2\pi f$; f em revoluções por segundo). Assim, a expressão de δ pode ser substituída nas equações 2.66 e 2.67, que então tomam as formas:

$$i = 0{,}62nFD_O{}^{2/3}\upsilon^{-1/6}w^{1/2}(C_O^o - C_O^s) \tag{2.72}$$

$$i_d = 0{,}62nFD_O{}^{2/3}\upsilon^{-1/6}w^{1/2}C_O^o \quad , \tag{2.73}$$

onde as unidades dos termos serão F = [coulombs], D_O = [cm^2/s], υ = [cm^2/s], w = [s^{-1}] e C = [moles/cm^3].

A expressão para a dependência do sobrepotencial de difusão tem exatamente a mesma forma daquela derivada para o caso anterior. O único fato novo observado neste caso é que a corrente que circula é linear com a raiz quadrada da velocidade angular, conforme mostram as equações 2.72 e 2.73. O coeficiente angular é proporcional ao termo $D_O^{2/3}C_O^o$ e assim a técnica pode ser usada para fins analíticos e para a determinação da concentração do reagente, caso o valor de seu coeficiente de difusão seja conhecido.

2.5.4 Polarização por Salto Potenciostático

Vamos considerar um sistema idêntico ao que foi utilizado na experiência 2.5.2. A única diferença é que, neste caso, o experimento consiste em executar um salto potenciostático no eletrodo, partindo-se de um potencial inicial em que não há circulação de corrente no sistema e passando instantaneamente a um potencial em que a corrente de redução já esteja localizada no limite difusional. Registra-se a variação da corrente em função do tempo, a partir do salto potenciostático — método comumente denominado de *cronoamperometria.*

Observa-se, neste caso, que já no primeiro instante de aplicação do salto potenciostático, a concentração superficial da espécie reagente torna-se zero, ocorrendo, a partir daí, uma variação do perfil de concentração em função do tempo e em função da distância do eletrodo, conforme ilustra a Figura 2.17.

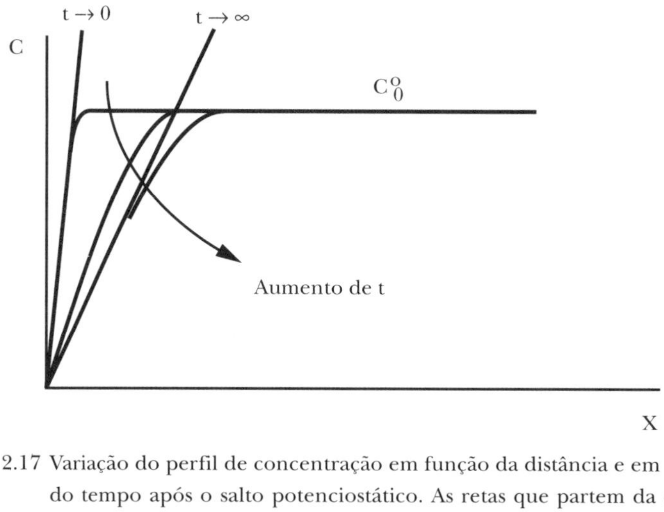

Figura 2.17 Variação do perfil de concentração em função da distância e em função do tempo após o salto potenciostático. As retas que partem da origem ilustram a correspondente variação do gradiente de concentração $(dC/dx)_{x=0}$ o qual, de acordo com a equação 2.54, determina o valor da densidade de corrente.

Assim, as condições de contorno podem ser resumidas como:

$$C_O(x,o) = C_O^o$$

$$\lim_{x \to \infty} C(x,t) = C_O^o$$

$$C_O(0,t) = C_O^s = 0$$

Neste caso, a solução da segunda equação fundamental é um pouco mais complicada que dos casos anteriores. O procedimento envolve a aplicação da transformada de Laplace sobre a segunda equação fundamental e, em seguida, a consideração das condições iniciais e de contorno. O resultado final é a obtenção da seguinte expressão para o perfil de concentração da espécie *O* em função do tempo e da distância:

$$C_O(x,t) = C_O^o erf\left[\frac{x}{2(D_O t)^{1/2}}\right] , \tag{2.74}$$

onde a função *erf* da variável z é dada por:

$$erf(z) = \frac{2}{\pi^{1/2}}\left(z - \frac{z^3}{3} + \frac{z^5}{5.2!} - \frac{z^7}{7.3!} + \frac{z^9}{9.4!} - ...\right) \tag{2.75}$$

que para z tendendo a zero toma a forma:

$$erf(z) = \frac{2z}{\pi^{1/2}} \qquad (\text{para } z < 0{,}1). \tag{2.76}$$

Assim, a expressão (2.74) para o perfil de concentração nas vizinhanças do eletrodo (ou seja, para x pequeno) toma a forma:

$$C_O(x,t) = C_O^o \frac{2}{\pi^{1/2}}\left(\frac{x}{2(D_O t)^{1/2}}\right) = C_O^o\left(\frac{x}{(\pi D_O t)^{1/2}}\right) . \tag{2.77}$$

Para a aplicação da primeira equação fundamental, é necessário calcular a derivada da equação 2.77 em função da distância e, assim, obtém-se:

$$i = nFD_O \left(\frac{\partial C_O}{\partial x} \right)_{x=0} = nFD_O \left(\frac{C_O^o}{(\pi D_O t)^{1/2}} \right) , \tag{2.78}$$

ou seja,

$$i = \frac{nFD_O^{1/2} C_O^o}{\pi^{1/2} t^{1/2}} \tag{2.79}$$

que é conhecida na literatura eletroquímica como *Equação de Cottrell*.

Verifica-se através desta equação que a densidade de corrente varia linearmente em função do inverso da raiz quadrada do tempo e o coeficiente angular da reta é proporcional a $D_O^{1/2} C_O^o$. Assim, o valor do coeficiente angular é bastante adequado para a determinação de uma das propriedades, se o valor da outra é conhecido. Entretanto, deve ser notado que duas limitações se aplicam ao sistema:

a. Em tempos muito pequenos, podem ocorrer desvios da linearidade devido ao processo de carga da dupla camada, não considerado na análise acima, mas que também contribui para a densidade de corrente.
b. Em tempos muito longos, podem também ocorrer desvios da linearidade devido a provável ocorrência de fenômenos convectivos que podem levar à flutuação da corrente registrada.

2.5.5 Polarização Potenciodinâmica Cíclica

Para este caso, será utilizada a reação 2.51 como modelo de reação eletroquímica, considerando a espécie *R* como solúvel no meio reacional, ou seja, utilizar-se-á a terceira equação fundamental dada pela relação 2.56. Os demais componentes e condições do sistema experimental são semelhantes aos dos casos anteriores.

A técnica de polarização potenciodinâmica cíclica é mais conhecida como *voltametria cíclica*. O método consiste em, a partir de um potencial inicial (E_i), variar o potencial do eletrodo com velocidade de varredura (v) constante até um potencial catódico final (E_f) e então retornar, à mesma velocidade, ao valor inicial. Esta programação de potencial imposta ao eletrodo de trabalho pode ser observada na Figura 2.18. A medida experimental consiste de gráficos de variação da corrente em função do potencial. Na prática, utilizam-se velocidades de varredura que variam desde 10 mV/s até 10 kV/s, sendo mais comum trabalhar entre 20 e 200 mV/s.

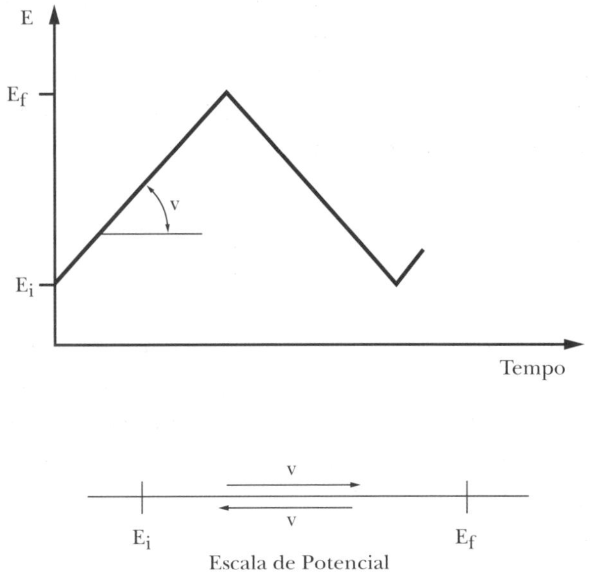

Figura 2.18 Programação de potencial imposta a eletrodo de trabalho na voltametria cíclica. A medida experimental é obtida através de gráficos de variação da corrente em função do potencial aplicado.

Assim, a equação que descreve a trajetória catódica de potencial tem a forma:

$$E = E_i - vt \qquad \text{(varredura catódica)}, \tag{2.80}$$

onde t é o tempo contado a partir do início da varredura. As condições iniciais e de contorno condizentes com o sistema prático e com a técnica experimental são dadas por:

$$t = 0, \quad x > 0: \quad C_O(x,0) = C_O^o, \quad C_R(x,0) = 0$$

$$t > 0, \quad x \rightarrow \infty: \quad C_O(\infty,t) \rightarrow C_O^o, \quad C_R(\infty,t) \rightarrow 0$$

$$t > 0, \quad x = 0: \quad D_O\left(\frac{\partial C_O(0,t)}{\partial x}\right) = -D_R\left(\frac{\partial C_R(0,t)}{\partial x}\right)$$

A última condição de contorno tem o significado, mencionado anteriormente, de que o fluxo de O que chega à superfície é igual, porém de sinal contrário ao fluxo de R que sai. De acordo com a equação 2.80 a terceira equação fundamental da cinética de difusão (equação 2.56) pode ser escrita:

$$\frac{C_O^s(t)}{C_R^s(t)} = \exp\left[\frac{RT}{nF}(E_i - vt - E^o)\right] \quad . \tag{2.81}$$

A solução matemática da segunda e da primeira equações fundamentais é muito mais complicada do que os casos anteriores e não será apresentada aqui. O leitor deve consultar livros mais especializados, caso haja interesse. O procedimento aqui resumido foi apresentado por Nicholson e Shain em 1964. As etapas principais da solução do problema são:

a. Aplicação da transformada de Laplace sobre a segunda equação fundamental, seguida da aplicação das condições iniciais e de contorno tanto para a difusão de O quanto para a difusão de R.
b. Aplicação da transformada de Laplace para a primeira equação fundamental.
c. Combinação das equações transformadas.
d. Combinação com a terceira equação fundamental.
e. Aplicação do teorema de convolução para transformação das equações diferenciais em equações integrais.

A relação da densidade de corrente com o potencial para a varredura catódica obtida por Nicholson e Shain tem a forma:

$$i = nFC_O^o(\pi D_O \sigma)^{1/2} \chi(\sigma t) \tag{2.82}$$

sendo que $\chi(\sigma t)$ é a solução da equação integral

$$\int_0^{\sigma t} \frac{\chi(z)dz}{(\sigma t - z)^{1/2}} = \left[1 + \left(\frac{D_O}{D_R}\right)^{1/2} \exp \frac{RT}{nF}(E - E^o)\right]^{-1} , \tag{2.83}$$

onde

$$\sigma = \frac{nFv}{RT} \tag{2.84}$$

$$\sigma t = \frac{nF}{RT} vt = \left(\frac{nF}{RT}\right)(E_i - E) \quad . \tag{2.85}$$

Assim, o problema consiste em resolver a equação integral dada pela equação 2.83 para vários valores de $(E - E^o)$, obtendo-se os correspondentes valores de $\chi(\sigma t)$, que são substituídos na equação 2.82. A dependência de i com o potencial é obtida reconhecendo-se que $\chi(\sigma t)$ resulta função do potencial do eletrodo, ou seja, $\chi(\sigma t) = \chi(E - E^o)$.

A solução da equação integral 2.83 pode ser feita por vários caminhos entre os quais existem as soluções analítica, em série ou numérica, porém, somente a solução numérica mostra-se facilmente aplicável aos experimentos cíclicos. Para uma reação em que n = 1 e em que $D_O \cong D_R$, a solução numérica adotada por Nicholson e Shain fornece os valores da função corrente $\chi(\sigma t)$ em função do potencial do eletrodo expresso em termos de $(E - E^o)$, conforme apresentados na Tabela 2.2 para a varredura catódica do voltamograma cíclico. A partir dos valores de $\chi(\sigma t)$ foram calculadas as densidades de corrente apresentadas na Tabela 2.2, utilizando-se as equações 2.82 e 2.85, e a seguinte parametrização:

$$F = 96.500 \text{ C mol}^{-1}$$
$$F/RT = 38{,}4 \text{ V}^{-1} \ (25^{\circ}\text{C})$$
$$v = 0{,}1 \text{ V s}^{-1}$$
$$C_O^o = 0.001\text{M}$$
$$D_O = 10^{-6}\text{cm}^2 \text{ s}^{-1}$$

Tabela 2.2 Função corrente $\sqrt{\pi}\,\chi(\sigma t)$ para um processo reversível em que $D_O \cong D_R$ e n = 1. A densidade de corrente foi calculada para σ = 3,84s, $C_O^0 = 0{,}001M$ e $D_O = 10^{-6}$ cm²/s.

($E - Eo$) (mV)	$\sqrt{\pi}\,\chi(\sigma t)$	**i (mA/cm2)**	**($E - Eo$) (mV)**	$\sqrt{\pi}\,\chi(\sigma t)$	**i (mA/cm2)**
120	0,009	1,71	–5	0,400	75,62
100	0,020	3,78	–10	0,418	79,03
80	0,042	7,94	–15	0,432	81,67
60	0,084	15,88	–20	0,441	83,38
50	0,117	22,12	–15	0,445	84,13
45	0,138	26,09	–28,5	0,4463	84,38
40	0,160	30,25	–30	0,446	84,32
35	0,185	35,00	–35	0,443	83,75
30	0,211	39,90	–40	0,438	82,80
25	0,240	45,37	–50	0,421	79,59
20	0,269	50,86	–60	0,399	75,44
15	0,298	56,34	–80	0,353	66,74
10	0,328	62,01	–100	0,312	59,00
5	0,355	67,12	–120	0,280	52,94
0	0,380	71,85	–150	0,245	46,32

Valores extraídos de R. S. Nicholson & I. Shain, *Analytical Chemistry*, 36:706, 1964.

O formato típico do voltamograma cíclico teórico (i *versus* $(E - E^o)$) é apresentado na Figura 2.19. O pico de corrente catódica pode ser associado à corrente resultante da redução de O para R, enquanto que o pico da varredura reversa refere-se à reoxidação do R formado na etapa anterior retornando a O. De acordo com a teoria de Nicholson e Shain, os seguintes critérios de diagnóstico podem ser empregados para caracterizar um processo reversível, como é o caso da reação 2.51:

a. $E_{pa} - E_{pc} = 0{,}059$ V (ver Figura 2.19, para identificar os símbolos).
b. $i_{pa}/i_{pc} = 1$.
c. E_{pa}, E_{pc} independem de v.
d. E_{pa}, E_{pc} independem de C_O^o .

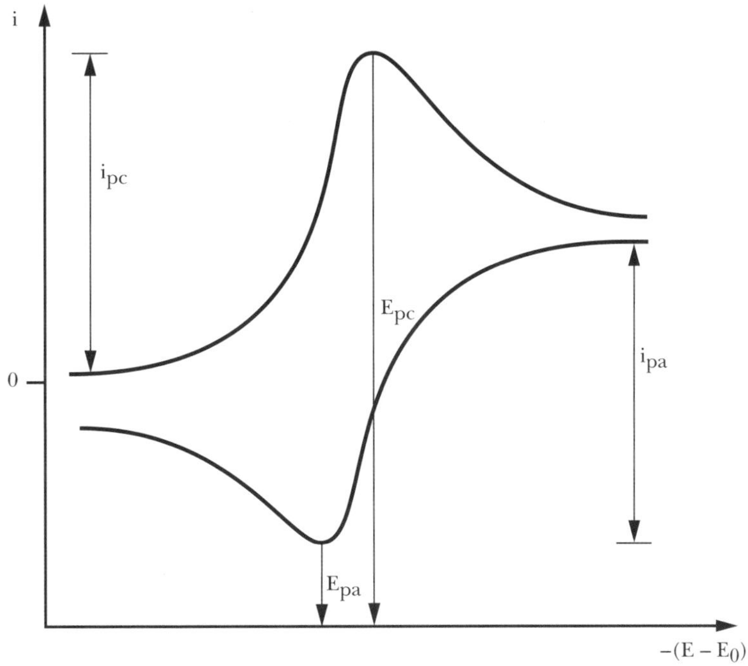

Figura 2.19 Voltamograma cíclico, conforme previsto através da teoria de Nicholson e Shain. Na figura estão indicados os parâmetros típicos do voltamograma: E_{pc} = potencial de pico catódico; E_{pa} = potencial de pico anódico; i_{pc} = corrente de pico catódico; i_{pa} = corrente de pico anódico.

Estas informações são muitas vezes fundamentais no estudo de um sistema eletroquímico especialmente quando este contém reagentes orgânicos. A redução de um composto orgânico (O) na maioria das vezes leva à formação de um radical-ânion (R) que pode ser uma espécie altamente reativa. Se *R* reage quimicamente com algum componente do meio reacional, será verificado que o voltamograma cíclico pode apresentar distorções mais ou menos pronunciadas, dependendo da velocidade da reação química ou, equivalentemente, da velocidade de varredura do voltamograma. Neste caso, os critérios de diagnóstico acima listados não serão satisfeitos indicando a presença desta complicação cinética no sistema.

A voltametria cíclica é largamente utilizada como critério de diagnóstico qualitativo dos processos que acontecem na interface. Utilizando como variáveis a velocidade de varredura e os potenciais iniciais e finais, é possível identificar processos de oxidação, redução e de adsorção/dessorção e determinar se eles acontecem em uma ou várias etapas ou ainda se correspondem a um processo reversível ou irreversível.

3

Catálise e Inibição de Reações Eletroquímicas

3.1 INTRODUÇÃO

Este capítulo tratará de dois assuntos extremamente importantes para a eletroquímica prática. De um lado, discutir-se-á vários aspectos relacionados com a cinética dos processos eletroquímicos e o efeito do material do eletrodo sobre a velocidade das reações. Observa-se que na maioria dos casos em eletroquímica aplicada o material do eletrodo não é transformado em produtos devido à ocorrência da reação, servindo, em uma primeira análise, apenas como um receptor ou doador de elétrons. Entretanto, pode também participar adsorvendo reagentes e intermediários e, assim como na cinética química convencional, neste papel o eletrodo é usualmente classificado como o de catalisador ou, por se tratar de uma reação eletroquímica, de um eletrocatalisador.

De outro lado, apresentar-se-á também os conceitos introdutórios e as equações básicas que governam os processos de corrosão eletroquímica. Estes são os casos em que um material metálico é transformado irreversivelmente em produtos por ação de uma reação eletroquímica, sendo que a cinética do processo pode ser racionalizada através de equações semelhantes às que já foram apresentadas no capítulo anterior.

Como será visto ao longo das discussões, a abordagem destes assuntos aparentemente pouco relacionados em um mesmo capítulo não é tão contraditória como pode parecer à primeira vista. A temática da eletrocatálise tem como objetivo desvendar o efeito do material do eletrodo sobre a cinética da reação, com o intuito final de encontrar os caminhos para acelerar o processo e, assim, minimizar as perdas de potencial decorrentes da polarização do eletrodo. Já nos estudos de corrosão, a situação inverte-se e, por razões óbvias, o intuito torna-se o de bloquear as reações ou de diminuir a sua velocidade. O elo entre os dois assuntos está no fato de as mesmas equações e parâmetros cinéticos serem empregados para analisar ambos os casos.

3.2 ELETROCATÁLISE

Nesta seção, tratar-se-á novamente da polarização por ativação e discutir-se-á um assunto muito importante em cinética eletroquímica e de conseqüências altamente relevantes em eletroquímica tecnológica. Quando em um mesmo sobrepotencial, uma dada reação eletroquímica processa-se com velocidades diferentes, dependendo do substrato eletródico, a este fenômeno dá-se o nome de *eletrocatálise*. Isto se verifica nas situações em que o eletrodo não é um simples doador ou aceptor de elétrons, mas participa da reação, usualmente provendo sítios para a adsorção de intermediários.

Para explicar o fenômeno da eletrocatálise, pode-se usar um exemplo simplificado de um processo catódico que tem sua etapa determinante de velocidade governada pela equação de Tafel

$$i = i_0 \exp[-\eta / b] \quad , \tag{3.1}$$

de onde se verifica que os únicos dois termos dependentes do material eletródico são i_0 e b. Na Figura 3.1 ilustra-se o comportamento experimental de um conjunto de eletrodos que apresentam valores diferentes de i_0 e valores iguais ao do coeficiente de Tafel (curvas *a*, *b* e *c*), comparado com um caso para o qual o valor de *b* é maior que os demais (curva *d*).

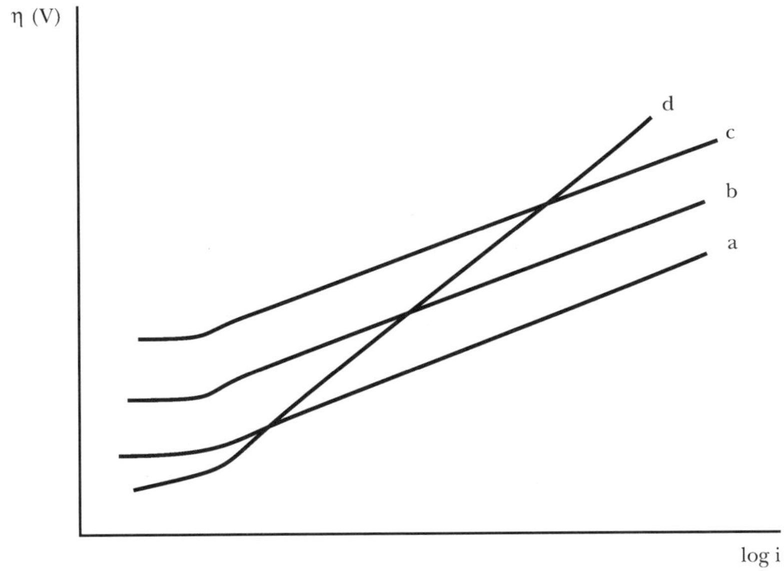

Figura 3.1 Diagramas de Tafel para um sistema experimental hipotético para diversos materiais eletródicos em que: de (*a*) para (*c*) há um aumento do valor de i_0, sendo que *b* permanece constante; (*d*) os valores de i_0 e *b* são maiores que nos casos anteriores.

A um sobrepotencial constante, nota-se que a corrente que circula é tanto maior quanto maior for o valor de i_0, o que qualifica esta variável como um dos principais fatores que governam os fenômenos eletrocatalíticos. Adicionalmente, observa-se que o coeficiente de Tafel pode também determinar o perfil da curva sobrepotencial-corrente, provocando inversões de comportamento. Assim, conforme o exemplo colocado na Figura 3.1, um material pode apresentar excelente desempenho em um certo domínio de corrente e um desempenho pobre em outra região.

3.2.1 Efeito da Corrente de Intercâmbio

Na Figura 3.1 foi verificado que quanto maior o valor de i_o, maior será o efeito eletrocatalítico de um determinado substrato eletródico. Para explicar este efeito, vamos nos localizar no significado do parâmetro i_o definido pela relação 2.23. Para o processo catódico

$$i_o = F\,\vec{k}_1\,C_O \exp\left(-\frac{\Delta\vec{G}_o^{\neq} + F\,\beta\,\Delta\varphi_e}{RT}\right) \tag{3.2}$$

que diz que a corrente de intercâmbio representa a contribuição da reação catódica que se iguala à anódica quando o sistema está em equilíbrio. Através desta relação, verifica-se que i_o depende da concentração da espécie reagente (C_O), da freqüência de colisão do reagente com a superfície do eletrodo ($\vec{k}_1$), do componente químico da energia de ativação que governa a cinética da reação ($\Delta\vec{G}_0^{\neq}$) e da diferença de potencial existente na interface quando o sistema está em equilíbrio ($\Delta\varphi_e$). Simplificadamente, a dependência de i_o com o material do eletrodo pode ser analisada através dos termos $\Delta\vec{G}_0^{\neq}$, $\vec{k}_1$ e $\Delta\varphi_e$.

ENERGIA DE ATIVAÇÃO ($\Delta\vec{G}_0^{\neq}$)

Conforme foi observado na seção 2.3.1 (Figura 2.5), a magnitude deste termo depende da energia da ligação química que se estabelece entre o material eletródico e a espécie reacional durante o processo ativado de transferência de carga. Portanto, este é um parâmetro intrinsecamente dependente da natureza do material eletródico. Assim, para uma mesma reação, os valores da energia de ativação serão diferentes dependendo do material eletródico e estes serão tanto mais eletrocatalíticos quanto menor for o valor de $\Delta\vec{G}_0^{\neq}$. As leis que governam a interação entre os átomos do eletrodo com a espécie reacional são de natureza quântica e várias teorias têm sido propostas com o intuito de correlacionar e prever o comportamento eletroquímico de diferentes materiais eletródicos.

FREQÜÊNCIA DE COLISÃO ($\vec{k}_1$)

Este é um parâmetro que depende da freqüência com que as moléculas da espécie eletroativa colidem com a superfície do eletrodo, sendo, este fator, portanto, dependente da área superficial efetiva ou, em outras palavras, do fator de rugosidade superficial (área efetiva, por unidade de área geométrica). Assim, o fenômeno eletrocatalítico mostrado através do incremento de i_0 na Figura 3.1 poderia estar relacionado somente a um efeito de aumento da rugosidade superficial em um mesmo material eletródico. Deve-se mencionar que do ponto de vista quântico, o fator de colisão relaciona-se com a freqüência com que os elétrons suscetíveis ao tunelamento colidem com a superfície eletródica, não havendo alteração nas implicações acima colocadas no que diz respeito ao seu aumento em função de um aumento no fator de rugosidade.

DIFERENÇA DE POTENCIAL NO EQUILÍBRIO ($\Delta\varphi_{\varepsilon}$)

O efeito deste parâmetro sobre i_0 é expresso em termos dos dois anteriores pela equação de Nernst, conforme pode ser facilmente observado através das equações 2.26 e 2.27.

3.2.2 Efeito do Coeficiente de Tafel

Através da Figura 3.1, nota-se que o valor de i_0 determina o comportamento eletrocatalítico de um material em baixas densidades de corrente. Variações no valor deste parâmetro levam a deslocamentos paralelos da curva de polarização. Por outro lado, o coeficiente de Tafel altera a inclinação da curva, o que pode fazer com que, mesmo que um sistema apresente elevado valor de i_0, o efeito eletrocatalítico total seja pobre em densidades de corrente operacionais.

Conforme já ilustrado na seção 2.2 para a reação de oxidação de hidrogênio, a ocorrência de um determinado valor de b em um processo eletródico depende de vários fatores relacionados com o mecanismo e com a cinética da reação envolvida. Estes, por sua vez, são função da natureza química da espécie eletroativa, do solvente e das características superficiais do material eletródico, que combinadamente determinam a rota da reação, a etapa determinante de velocidade, a magnitude do recobrimento por espécies intermediárias etc.

Dentre os fatores acima colocados, o papel do eletrodo e do meio experimental, incluindo o solvente e o eletrólito suporte, pode ser fundamental no estabelecimento das propriedades da superfície eletródica. Mesmo que um metal puro seja, em princípio, considerado para uma dada reação, efeitos do potencial eletródico e de interação com o meio eletrolítico poderão criar subcamadas ou até multicamadas de espécies superficiais, como por exemplo óxidos metálicos, que na realidade serão os agentes eletrocatalíticos da reação e que determinarão o valor do coeficiente de Tafel.

Para citar um exemplo de efeitos superficiais, considere o comportamento de um eletrodo de platina imerso em uma solução de ácido sulfúrico (da ordem de 0,5 M), na ausência de qualquer espécie eletroativa. A Figura 3.2 ilustra o comportamento voltamétrico deste eletrodo em um intervalo de potenciais desde o valor que

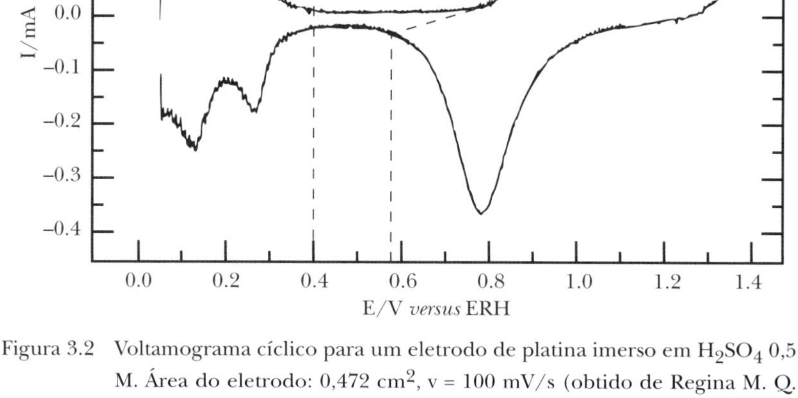

Figura 3.2 Voltamograma cíclico para um eletrodo de platina imerso em H_2SO_4 0,5 M. Área do eletrodo: 0,472 cm^2, v = 100 mV/s (obtido de Regina M. Q. de Melo — dissertação de mestrado, Instituto de Química de São Carlos, USP, 1995).

imediatamente antecede a reação de desprendimento de hidrogênio por redução do próton, que ocorre em potenciais abaixo de aproximadamente 0 V (*versus* eletrodo reversível de hidrogênio — ERH), até valores que precedem a reação de deprendimento de oxigênio por oxidação da água, que se verifica em potenciais acima de aproximadamente 1,6 V *versus* ERH.

Se nenhuma interação específica do eletrodo com o meio eletrolítico se verificasse, o comportamento voltamétrico deveria ser aquele esperado para um eletrodo idealmente polarizável para o qual os fenômenos interfaciais estariam apenas relacionados com a acomodação de íons e/ou dipolos, definindo a estrutura e a composição da dupla camada. A resposta voltamétrica hipotética seria então aquela mostrada na Figura 3.2, entre as linhas tracejadas. Entretanto, o comportamento voltamétrico do eletrodo apresenta três regiões características, denominadas *A*, *B* e *C* na Figura, que não são governadas apenas por fatores capacitivos.

A região *A* correspondente à faixa de potenciais de 0 a 0,4 V *versus* ERH é classicamente denominada de região do hidrogênio pois é originada por processos que antecedem o desprendimento de H_2. A porção inferior do voltamograma (varredura catódica) correponde à adsorção de hidrogênio atômico formado a partir da redução do H^+, ao passo que a porção superior (varredura anódica) corresponde à oxidação do hidrogênio atômico adsorvido, formado na etapa anterior. O processo é reversível, uma vez que as quantidades de carga envolvidas nas varreduras catódica e anódica são idênticas. A reação catódica poder ser representada por:

$$Pt + H^+ + e^- \rightarrow Pt - H_{ads} \ , \qquad (3.3)$$

sendo que os vários picos observados estão relacionados com o fato de que várias orientações cristalográficas da platina são expostas ao meio reacional e cada qual apresenta uma energia de adsorção de hidrogênio distinta. O grau de recobrimento de hidrogênio tende a 1 na medida em que o potencial reversível da reação de desprendimento de hidrogênio é próximo de 0 V *versus* ERH, correspondendo a uma carga total circulada de 210 $\mu C/cm^2$.

A região *B* na faixa de potencial de 0,4 a 0,8 V *versus* ERH consiste de processos não faradáicos em que o eletrodo é idealmente polarizável; conseqüentemente, as correntes medidas são originárias da carga da dupla camada, conforme já mencionado acima. A região *C*, que ocorre no intervalo entre 0,8 e 1,4 V *versus* ERH, relaciona-se ao denominado sistema Pt/O_2. Nesta região, as correntes observadas na varredura anódica originam-se dos processos de oxidação superficial do eletrodo, inicialmente relacionados com a adsorção de OH^- formado pela oxidação da água, e posteriormente em potenciais superiores com a formação de uma monocamada de óxidos de platina hidratados. Na varredura catódica, o pico observado corresponde à redução dos óxidos formados na varredura anódica. Nota-se que, contrariamente ao que se observa para a adsorção/dessorção de hidrogênio, os potenciais de oxirredução não são coincidentes, o que evidencia o caráter irreversível deste processo.

O exemplo da platina é útil para apontar vários fatos a respeito do mecanismo e da cinética dos processos eletrocatalíticos, que, dentre outros efeitos, serão importantes na definição do coeficiente de Tafel:

a. Qualquer espécie colocada no meio reacional e que seja eletroativa no intervalo entre 0 e 0,4 V *versus* ERH terá o seu mecanismo de oxirredução afetado pela presença de hidrogênio atômico adsorvido, que é uma espécie altamente reativa.
b. Entre 0,4 e 0,8 V *versus* ERH, a superfície catalítica será formada por platina metálica sem a presença de espécies superficiais, exceto aquelas relacionadas com a estrutura da dupla camada.
c. Acima de 0,8 V *versus* ERH, as reações devem ocorrer em uma superfície modificada por uma camada de óxidos, que também será fundamental na definição do mecanismo e da cinética do processo eletrocatalítico.

Para deixar mais claros alguns dos conceitos expostos, tratar-se-á, a seguir, de alguns exemplos clássicos de fenômenos eletrocatalíticos que se processam em eletrodos de platina. Deve-se mencionar que com outros metais em diferentes meios, além dos problemas acima mencionados para platina em meio ácido, vários outros processos poderão ser encontrados, não cabendo aqui uma discussão mais detalhada do assunto.

3.2.3 Reação de Desprendimento de Hidrogênio

Um exemplo clássico de eletrocatálise por onde pode-se ilustrar o efeito de $\Delta\vec{G}_0^{\neq}$ sobre i_0 é dado pela reação de desprendimento de hidrogênio ocorrendo em vários materiais eletródicos em meio ácido. Tem sido observado experimentalmente que em metais como platina, ouro, níquel etc., o mecanismo da reação se processa através de duas etapas principais:

$$H^+ + e^- \rightarrow H_{ads} \quad \text{(Volmer)} \tag{3.4}$$

$$H^+ + H_{ads} + e^- \rightarrow H_2 \quad \text{(Heyrovsky)} \tag{3.5}$$

A etapa de Heyrovsky é a determinante de velocidade, o que corresponde a dizer que a reação se processa com elevado grau de recobrimento por H_{ads} em todos os metais, implicando que o coeficiente de Tafel será o mesmo em todos os casos. Destaca-se que os diagramas de Tafel nos diversos metais apresentam-se de forma equivalente ao que foi ilustrado na Figura 3.1, curvas *a, b, c*. Como, a princípio, não deveria haver diferenças nos fatores de rugosidade dos eletrodos, este comportamento somente pode ser explicado em função da ocorrência de valores de energia de ativação diferentes para os vários metais.

Na Figura 3.3, ilustra-se o comportamento de i_0 em função da energia da ligação M–H, observando-se que há um decréscimo dos valores de i_0 na medida em que a energia aumenta. Para poder explicar o fenômeno, considere os gráficos de energia potencial em função da coordenada reacional ilustrados na Figura 3.4, que têm a seguinte interpretação:

a. A curva *A* corresponde à energia total dos reagentes envolvidos na etapa determinante de velocidade e, portanto, corresponde à energia do elétron no metal somada à energia da ligação $H^+–H_2O$

(próton hidratado), que se altera na medida em que ela é estirada, representando a trajetória do H^+ aproximando-se da superfície do eletrodo, e à energia da ligação M–H, que também é função da distância do eletrodo.

b. A curva *C* está relacionada ao estiramento da ligação H–H formada após a transferência do elétron.

Os valores da energia da ligação M–H representada na ordenada do gráfico da Figura 3.3 correspondem à diferença de energia entre o sistema M–H e a situação limite, medida no vácuo, em que o hidrogênio atômico afasta-se a uma distância infinita dos átomos metálicos.

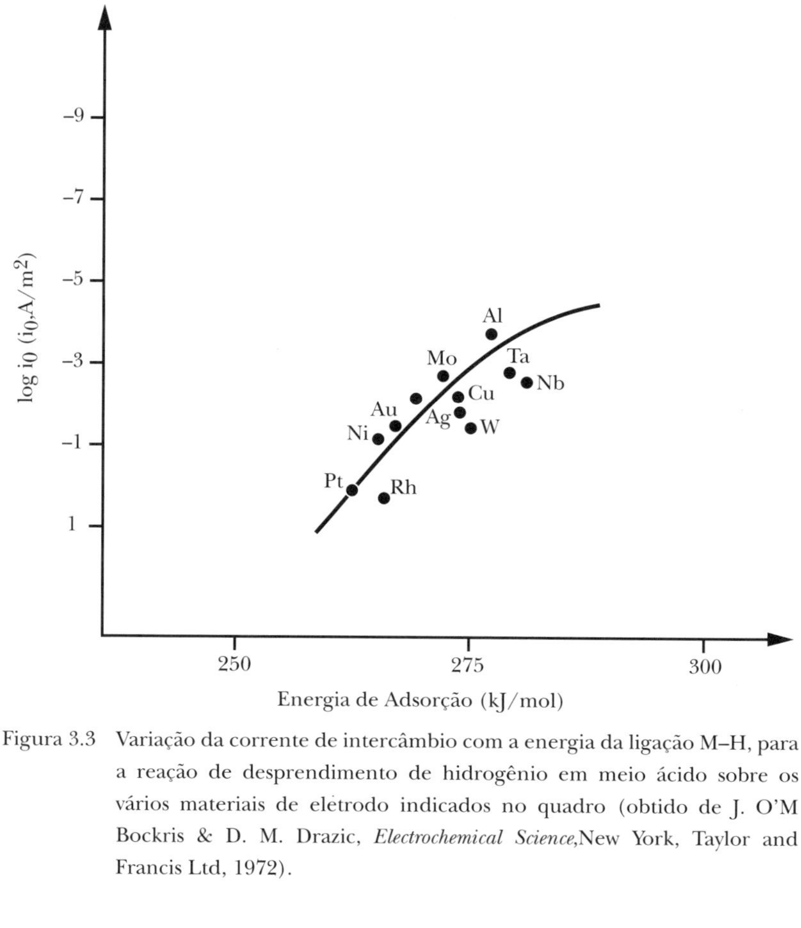

Figura 3.3 Variação da corrente de intercâmbio com a energia da ligação M–H, para a reação de desprendimento de hidrogênio em meio ácido sobre os vários materiais de eletrodo indicados no quadro (obtido de J. O'M Bockris & D. M. Drazic, *Electrochemical Science*, New York, Taylor and Francis Ltd, 1972).

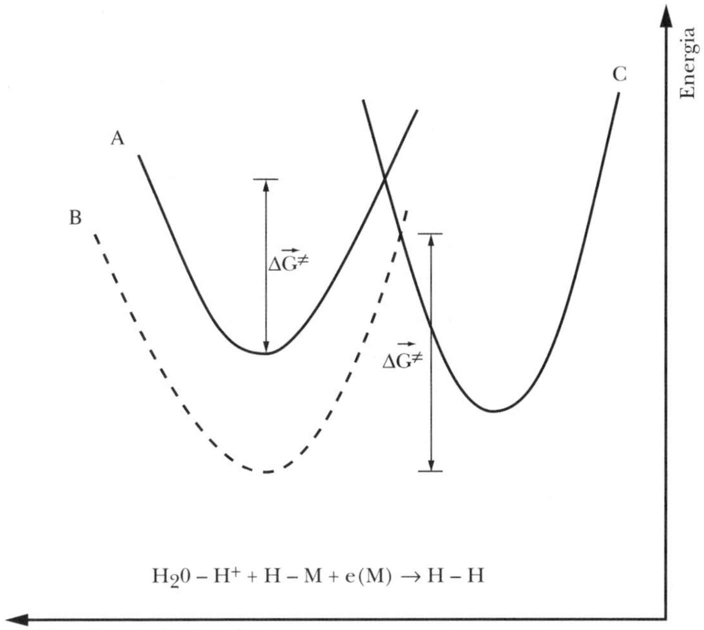

Figura 3.4 Gráficos da energia potencial em função da coordenada reacional, para a reação de desprendimento de hidrogênio em meio ácido. As curvas *A* e *B* referem-se a diferentes materiais eletródicos, sendo que o material *B* apresenta maior energia da ligação M–H.

Para diferentes materais eletródicos, a curva *A* da Figura 3.4 será diferente, pois tanto a energia do elétron quanto a da ligação M–H dependem da natureza do metal. O perfil indicado pela linha sólida move-se para aquele dado pela linha tracejada se a energia de adsorção do hidrogênio atômico no metal for maior. O resultado é que há um aumento do valor da energia de ativação e, conseqüentemente, uma diminuição do valor de i_0, conforme é verificado através dos resultados experimentais apresentados na Figura 3.3.

3.2.4 Reação de Redução do Oxigênio

Através desta reação serão ilustrados os efeitos do fator de rugosidade e a ação de fenômenos superficiais sobre os processos eletrocatalíticos. Diferentes mecanismos têm sido propostos para a reação de redução de oxigênio. Em alguns materiais eletródicos, como, por exemplo, platina em meio ácido, o oxigênio é reduzido diretamente a H_2O, através da reação global

$$O_2 + 4H^+ + 4e^- \quad \rightarrow \quad 2H_2O \tag{3.6}$$

porém em outros materiais como, por exemplo, carbono em meio alcalino, a reação leva à fomação de peróxido de hidrogênio através de uma reação envolvendo 2 elétrons

$$O_2 + 2H^+ + 2e^- \quad \rightarrow \quad H_2O_2 \ . \tag{3.7}$$

Um quadro apresentando as possíveis rotas reacionais para a redução do oxigênio está apresentado na Figura 3.5. De acordo com este esquema, há três formas pelas quais as moléculas de oxigênio podem-se adsorver na superfície do eletrodo, sendo elas indicadas pelos modelos de Griffith, Pauling e Ponte. Se a adsorção seguir os modelos de adsorção de Griffith e de Ponte, o mecanismo de redução envolverá 4 elétrons. Por outro lado, se a adsorção seguir o modelo de Pauling, eventualmente a redução dar-se-á segundo um mecanismo envolvendo 2 elétrons resultando como produto o H_2O_2. Adicionalmente, estas formas de adsorção poderão estar ocorrendo simultaneamente e a preponderância de um ou outro mecanismo dependerá dos impedimentos estéricos e do espaçamento entre os sítios ativos ou, em outras palavras, do material eletródico e/ou das condições experimentais empregadas.

Tomando novamente como exemplo a platina em meio ácido, tem sido proposto, neste caso, que a reação ocorre em várias etapas, a primeira correspondendo à adsorção do O_2 na superfície,

$$O_2 + Pt \ \rightarrow \ Pt --- O_2 \tag{3.8}$$

e a segunda, uma etapa eletroquímica dada por:

$$Pt --- O_2 + H^+ + e^- \ \rightarrow \ \text{produtos} \tag{3.9}$$

que corresponde à etapa determinante de velocidade. Do ponto de vista cinético, as demais etapas são pouco importantes, pois ocorrem após a etapa determinante de velocidade.

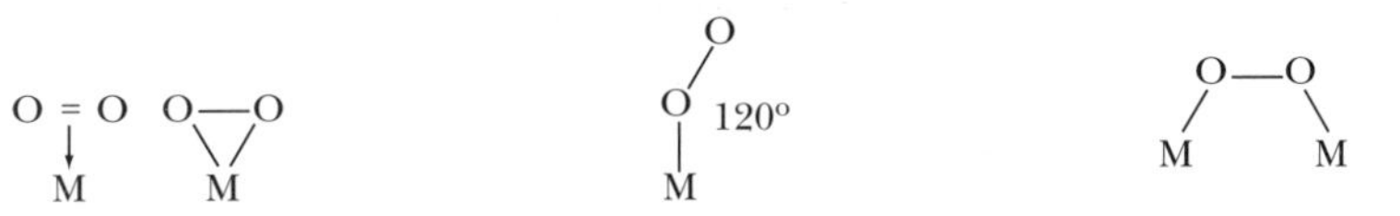

I. Modelo de Griffith — II. Modelo de Pauling — III. Modelo de ponte

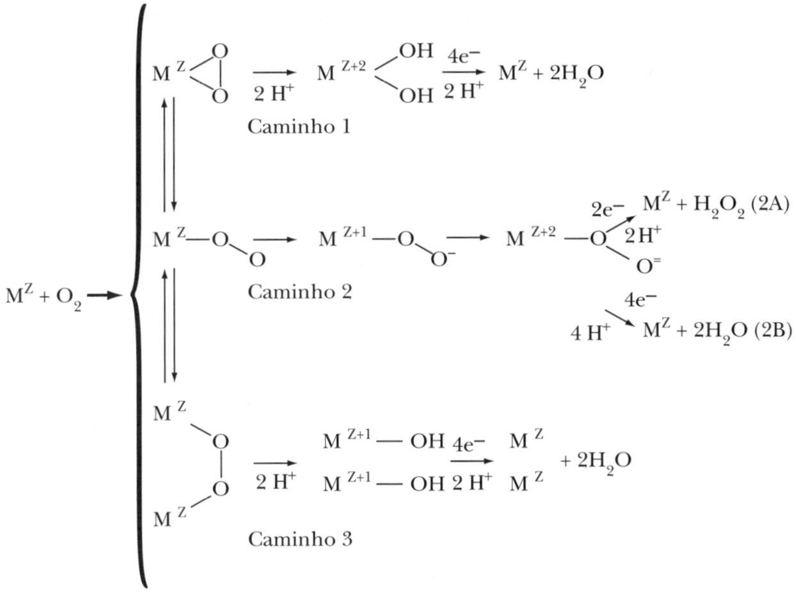

Figura 3.5 Possíveis rotas reacionais da reação de redução de oxigênio em eletrólitos ácidos.

Na parte *A* da Figura 3.6 é apresentado o voltamograma cíclico para platina lisa policristalina em meio de ácido sulfúrico. Na parte

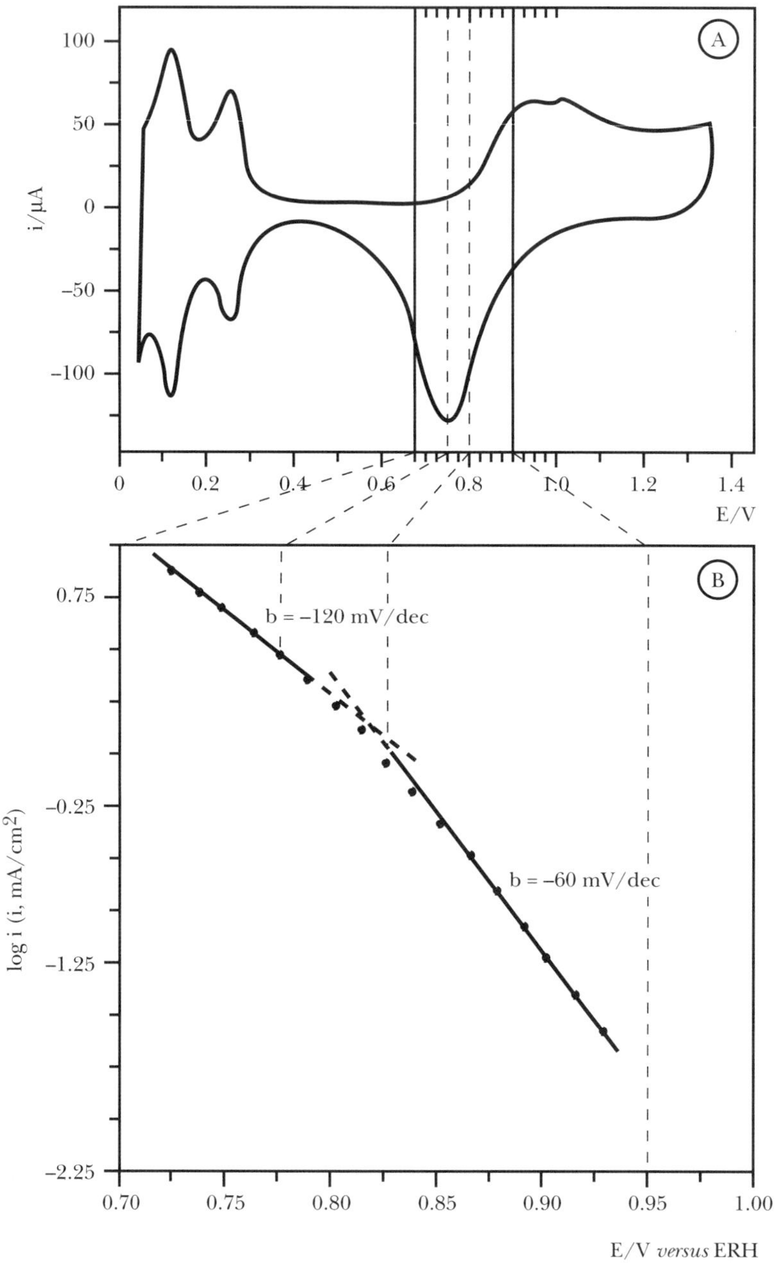

Figura 3.6 Diagrama de Tafel para a reação de redução de oxigênio em meio ácido e o voltamograma cíclico correspondente (obtido de João B. Floriano — dissertação de mestrado, Instituto de Química de São Carlos, USP, 1991).

B, é feita uma correlação entre os domínios de potenciais abrangidos pelo diagrama de Tafel para a redução de oxigênio com aqueles da voltametria cíclica da platina. Observa-se que o diagrama de Tafel apresenta duas regiões lineares, uma com coeficiente angular de 60 mV/dec na região de potencial em que a platina está recoberta por óxidos e a outra de 120 mV/dec na região da dupla camada. A interpretação deste comportamento pode ser feita em função do mecanismo acima apresentado, nos seguintes termos:

a. Em potenciais acima de 0,85V *versus* ERH, o grau de recobrimento da superfície por oxigênio adsorvido ou por óxidos hidratados é elevado e ocorre sob as condições de adsorção correspondentes à isoterma de Temkin. O tratamento teórico do sistema mostra que a dependência do sobrepotencial com a densidade de corrente apresenta a forma:

$$\eta = \frac{2{,}303RT}{F}\log i_o - \frac{2{,}303RT}{F}\log i \tag{3.10}$$

que prevê um coeficiente de Tafel a 25°C de 60 mV/dec, explicando, portanto, o comportamento do sistema experimental neste domínio de potencial.

b. Em potenciais abaixo de 0,85V, o grau de recobrimento por oxigênio é baixo e a adsorção corresponde às condições da isoterma de Langmuir ($\theta \rightarrow 0$). Para este caso, demonstra-se que

$$\eta = \frac{2{,}303RT}{\beta F}\log i_o - \frac{2{,}303RT}{\beta F}\log i \tag{3.11}$$

que com $\beta = 0{,}5$ prevê um coeficiente de Tafel, a 25°C, igual a 120 mV/dec, explicando, portanto, o valor obtido experimentalmente.

Na Tabela 3.1 apresentam-se os valores das correntes de intercâmbio, coeficientes de Tafel e número de elétrons envolvidos na reação de redução de oxigênio em meio ácido sobre micropartículas de platina dispersas em carbono de alta área superficial, apresentando diversos teores do catalisador. Os dados referem-se apenas à região de potenciais em que a platina se apresenta recoberta por óxidos superficiais. Os materiais de platina dispersa apresentam elevada área de platina exposta, sendo largamente empregados em eletrodos de difusão de gás que constituem o elemento principal das células a combustível, conforme será discutido em detalhes no capítulo 4.

Tabela 3.1 Parâmetros cinéticos da reação de redução de oxigênio em ácido sulfúrico 0,5 M obtidos sobre platina dispersa com alta área superficial. $T = 25\ ^oC$. A densidade de corrente de intercâmbio está expressa em termos da área geométrica do eletrodo.

Fator de rugosidade	**Baixas densidades de corrente (E > 0,85V)**		**Número de elétrons**
	i_0 (A/cm^2)	**b (mV/dec)**	
465	5×10^{-11}	56	4
1075	4×10^{-10}	57	4
1200	9×10^{-10}	57	4.1
1800	15×10^{-10}	57	4.1

Nota-se através destes dados que, conforme é esperado, o número de elétrons resultante é igual a 4 e o coeficiente de Tafel não muda com a área do catalisador, correspondendo ao valor de 60 mV/dec esperado para a região de potenciais considerada. Por outro lado, verifica-se que a corrente de intercâmbio é tanto maior quanto maior for o fator de rugosidade, definido como a relação entre a área ativa de platina e a área geométrica do eletrodo. Fica claro, portanto, que este efeito é devido unicamente ao aumento do fator de colisão ($\vec{k}$) resultante do aumento da área ativa.

3.2.5 Eletrodos Modificados

Em muitas situações práticas, a superfície do eletrodo é modificada com o objetivo de promover uma dada reação. Esta modificação pode ser feita através da eletrodeposição de uma película de outro material metálico, de um óxido do mesmo ou de outro metal ou ainda de um polímero eletroquimicamente ativo. Outras vezes, são ancoradas submonocamadas de espécies metálicas ou de compostos orgânicos e inorgânicos.

O mecanismo de atuação do elemento modificador depende de vários fatores:

a. Quando se trata de um filme metálico, a reação deixa de ocorrer sobre o metal de base e passa a ocorrer exclusivamente sobre o novo material que, obviamente, deve apresentar melhores propriedades eletrocatalíticas.
b. Quando um óxido ou um polímero é envolvido, a idéia é incorporar um agente mediador que pode mais eficientemente receber (ou ceder) elétrons do metal (ou para o metal) e transferi-lo (capturá-lo) para a espécie eletroativa presente na solução.
c. Quando as modificações envolvem submonocamadas, o efeito eletrocatalítico é promovido por uma modificação das propriedades eletrônicas dos sítios hospedeiros, que levará diretamente a uma modificação do perfil dos diagramas de energia de ativação.

3.3 CORROSÃO METÁLICA

A corrosão dos metais é um processo espontâneo que ocorre freqüentemente na natureza por ação de diversos fatores. Dentre eles, podem ser mencionados os processos de desgaste por atrito, por erosão ou por outros fatores mecânicos. Entretanto, do ponto de vista eletroquímico, serão estudados apenas os fenômenos cuja origem são processos de oxidação de elementos metálicos.

Para abordar o problema, considere o desenho esquemático representado na Figura 3.7, em que uma peça de ferro metálico, representada na forma de um eletrodo, é imersa em uma solução ácida, por exemplo, de ácido sulfúrico. Observando este sistema, percebe-se que ele não está em equilíbrio. Da superfície do material, desprendem-se bolhas de hidrogênio que resultam do ataque ácido sobre o material metálico, fato que dá origem à corrosão do ferro. O esquema de reações pode ser representado por:

desprendimento de hidrogênio: $2H^+ + 2e^- \rightarrow H_2$ (3.12)

corrosão do ferro: $Fe \rightarrow Fe^{+2} + 2e^-$ (3.13)

reação total: $Fe + 2H^+ \rightarrow Fe^{+2} + H_2$. (3.14)

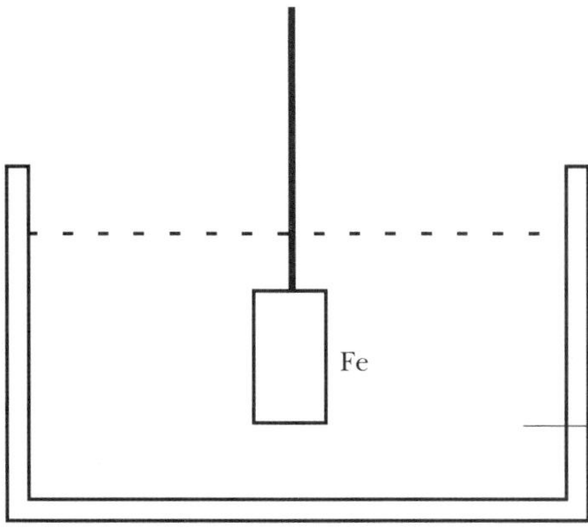

Figura 3.7 Representação eletroquímica esquemática do processo de corrosão do ferro em meio ácido. Há desprendimento de bolhas de hidrogênio da superfície que resultam do ataque do ácido sobre o ferro.

Pode-se considerar o seguinte quadro para descrever o sistema:

a. Reação de desprendimento de hidrogênio ocorre em alguns sítios (sítios 2) da superfície cujas propriedades locais catalisam a reação.
b. A reação de corrosão do ferro ocorre em sítios vizinhos (sítios 1).
c. O elétron gerado na oxidação do ferro nos sítios 1 é transportado através da fase metálica até o sítio 2.
d. Fechando o circuito elétrico, os íons da solução movimentam-se para compensar a geração de cargas locais.

A conclusão mais importante deste quadro é que a sucessão de eventos é exatamente igual àquela que poderia ser dada ao circuito eletroquímico hipotético representado na Figura 3.8, considerando-se a resistência de carga igual a zero. É importante mencionar que a mesma analogia aplica-se a todos os casos em que o mecanismo de corrosão é de natureza eletroquímica. Por exemplo, este é o caso da corrosão do ferro pelo oxigênio da atmosfera que, em presença de umidade, provoca as seguintes reações simplificadas em meio neutro:

redução: $\frac{3}{2}\, O_2 + 6\, e^- \rightarrow 3\, O^{2-}$ (3.15)

oxidação: $2\, Fe \rightarrow 2\, Fe^{+3} + 6\, e^-$ (3.16)

total: $2Fe + \frac{3}{2}O_2 \rightarrow 2Fe^{3+} + 3O^{2-} \rightarrow Fe_2O_3$ (3.17)

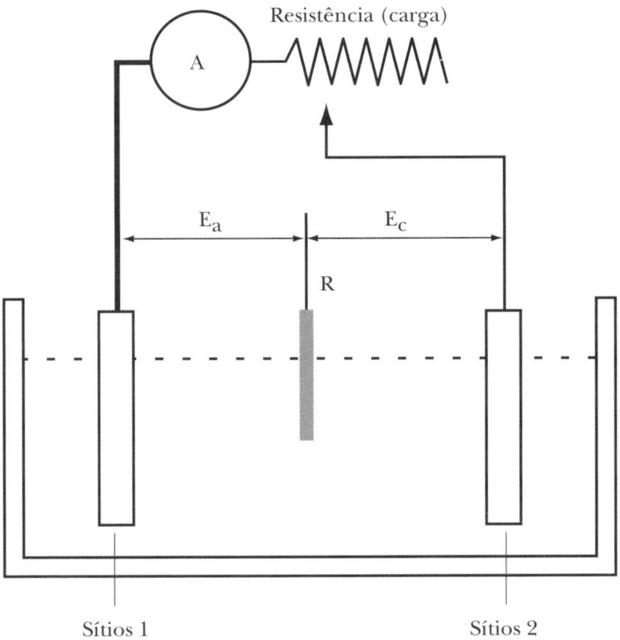

Figura 3.8 Representação hipotética de um circuito eletroquímico para demonstrar a corrosão do ferro em meio ácido. Considera-se que a corrosão do ferro ocorre nos sítios 1, enquanto o desprendimento de hidrogênio ocorre nos sítios 2. Na prática, o sistema está em curto-circuito, ou seja, a resistência de carga é igual a zero.

Uma característica importante dos processos de corrosão é que os eventos ocorrem espontaneamente, ou seja, a reação eletroquímica global que descreve o processo é espontânea. Em termos termodinâmicos, isto significa que a variação de energia livre (ΔG) da reação é menor que zero. Conforme discutido na Introdução, em termos eletroquímicos, a diferença de potencial entre os eletrodos do sistema hipotético representado na Figura 3.8 é positiva, ou seja, $E > 0$, onde E representa a diferença de potencial entre o eletrodo formado pelos sítios 2 em relação ao formado pelos sítios 1.

3.3.1 Diagramas de Evans

As condições termodinâmicas acima indicadas apenas dizem respeito à espontaneidade do processo corrosivo. Para se quantificar a velocidade dele, deve-se abordar o problema em termos de conceitos de cinética eletroquímica, conforme foram amplamente tratados no capítulo 2. Assim, observa-se que a velocidade de cada uma das reações eletroquímicas parciais que participam do processo de corrosão são governadas por leis e conceitos equivalentes aos que foram já definidos no capítulo 2. Um resumo da situação pode ser feito da seguinte forma:

a. Se a concentração do agente corrosivo (H^+, no exemplo exposto) for pequena, é possível que o processo seja controlado por transporte de massa, ou seja, pela velocidade com que a espécie agressiva chega aos sítios de ataque.
b. Se o ambiente ao qual o metal está exposto é um condutor pobre, o transporte de íons para compensar as carga geradas no processo corrosivo pode ser lento e constituir um fator determinante no processo corrosivo.
c. Se o meio contém elevadas concentrações do agente agressivo e de íons, a velocidade pode ser controlada pela cinética de uma ou outra reação de transferência de carga.

Utilizando como exemplo o caso em que a velocidade do processo é controlada pela cinética da reação, pode-se empregar a equação de Tafel para estabelecer a correlação corrente-potencial para cada um dos eletrodos representados no diagrama da Figura 3.8:

reação catódica

$$\eta_c = E_c - E_c^e = -\frac{RT}{\beta_c nF}\ln\left(\frac{i_c}{i_c^o}\right) \quad \text{e} \tag{3.18}$$

reação anódica

$$\eta_a = E_a - E_a^e = \frac{RT}{\beta_a nF}\ln\left(\frac{i_a}{i_a^o}\right) \quad . \tag{3.19}$$

Na Figura 3.9, é feita uma representação gráfica das curvas de polarização dadas pelas equações 3.18 e 3.19 dos dois eletrodos. O diagrama desta Figura é conhecido como *diagrama de Evans.*

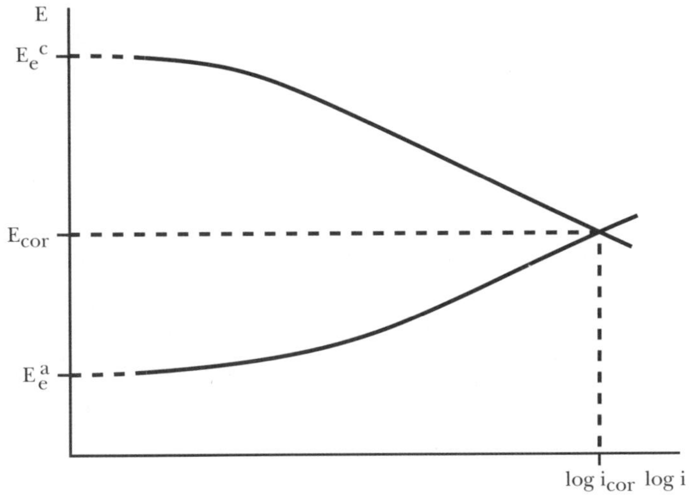

Figura 3.9 Diagrama de Evans para as curvas de polarização das reações catódica e anódica do circuito eletroquímico da Figura 3.8. O diagrama representa, neste caso, uma situação hipotética, já que as curvas não podem ser obtidas experimentalmente. A intersecção das curvas define o potencial e a corrente de corrosão.

Neste ponto, deve ser lembrado que, no sistema prático, os sítios 1 e 2 estão em curto-circuito, já que formam parte da mesma peça metálica. Isto significa que os diagramas de Evans representam uma situação teórica que não pode ser reproduzida na prática. Não obstante, são bastante úteis para discutir e entender vários fenômenos que se sucedem nos processos de corrosão, conforme se ilustrará a seguir.

3.3.2 Cálculo da Corrente e do Potencial de Corrosão

Tendo como base o esquema da Figura 3.8, pode-se escrever que a diferença de potencial entre os eletrodos do circuito eletroquímico hipotético será dada por:

$$E = E_c - E_a \tag{3.20}$$

que em termos das equações 3.18 e 3.19 toma a forma:

$$E = E_{cel}^e - \frac{RT}{\beta_c nF}\ln\left(\frac{i_c}{i_c^o}\right) - \frac{RT}{\beta_a nF}\ln\left(\frac{i_a}{i_a^o}\right) \quad , \tag{3.21}$$

onde E_{cel}^e é o potencial reversível da célula que é dado por:

$$E_{cel}^e = E_c^e - E_a^e \quad .$$

Conforme já mencionado, no sistema prático, os dois eletrodos estão em curto-circuito, não havendo diferença de potencial elétrico entre eles $(E = 0)$. A corrente gerada em uma das reações é exatamente igual à da outra e representa a corrente envolvida no processo de corrosão, denominada de *corrente de corrosão*. Com base nestes fatos, a equação 3.21 pode ser escrita:

$$0 = E_{cel}^e - \frac{RT}{\beta_c nF}\ln\left(\frac{i_{cor}}{i_c^o}\right) - \frac{RT}{\beta_a nF}\ln\left(\frac{i_{cor}}{i_a^o}\right) \tag{3.22}$$

ou, rearranjando,

$$i_{cor} = \left(i_c^o\right)^{\alpha_a} \left(i_a^o\right)^{\alpha_c} \exp\left[\alpha_a \beta_c \frac{nFE_{cel}^e}{RT}\right] , \tag{3.23}$$

onde $\alpha_a = \beta_a / (\beta_c + \beta_a)$ e $\alpha_c = \beta_c / (\beta_c + \beta_a)$.

Deve ser lembrado novamente que o valor de E mencionado na equação 3.20 refere-se à diferença de potencial (que torna-se igual a zero) entre os dois eletrodos envolvidos no processo de corrosão, conforme estão representados no diagrama da Figura 3.8. Entretanto, considerando-se a inclusão de um eletrodo de referência, de acordo com o esquema da Figura 3.10, pode-se medir a diferença de potencial do eletrodo ativo com relação ao eletrodo de referência,

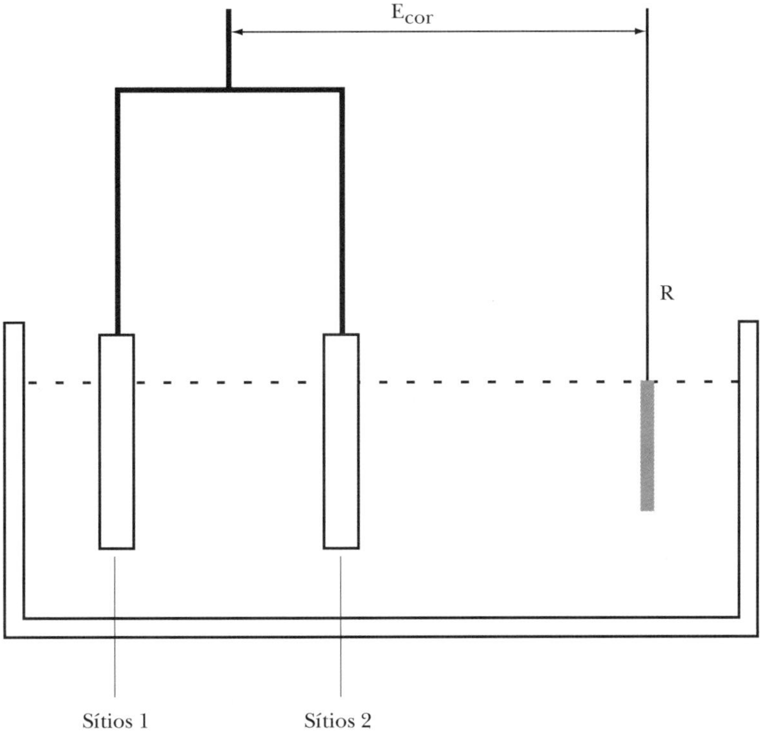

Figura 3.10 Representação do circuito eletroquímico experimental empregado para medir o potencial de corrosão. *R* é o eletrodo de referência.

sendo esta grandeza denominada de *potencial de corrosão*. Nestas circunstâncias, as equações 3.18 e 3.19 podem ser reescritas:

reação catódica

$$E_{cor} = E_c^e - \frac{RT}{\beta_c nF}\ln\left(\frac{i_{cor}}{i_c^o}\right) \quad \Rightarrow \quad i_{cor} = i_c^o \exp\left(\frac{\beta_c nF(E_c^e - E_{cor})}{RT}\right) \tag{3.24}$$

reação anódica

$$E_{cor} = E_a^e + \frac{RT}{\beta_a nF}\ln\left(\frac{i_{cor}}{i_a^o}\right) \quad \Rightarrow \quad i_{cor} = i_a^o \exp\left(\frac{\beta_a nF(E_{cor} - E_a^e}{RT}\right) \tag{3.25}$$

Finalmente, combinando-se as equações 3.23 e 3.24, obtém-se:

$$E_{cor} = \alpha_c E_c^e + \alpha_a E_a^o + \frac{RT}{(\beta_c + \beta_a)nF}\ln\left(\frac{i_c^o}{i_a^o}\right) \quad . \tag{3.26}$$

A 3.22 é a equação final a partir da qual pode ser calculado o valor da corrente de corrosão. Entretanto, para isto será necessário o conhecimento dos valores das correntes de intercâmbio anódica e catódica, além dos valores dos fatores de simetria e do potencial de equilíbrio da célula. Se considerarmos os valores usuais de $\beta_a = \beta_c = 1/2$, os valores tabelados de E_{cel}^e, E_a^e e E_c^e e os valores conhecidos de *n*, *F*, *R*, e *T*, as únicas variáveis desconhecidas serão i_c^0 e i_a^0. O problema pode ser resolvido a partir de medidas experimentais de E_{cor} e com o emprego das equações 3.23, 3.24 e 3.25 que formam um sistema de três equações com três incógnitas (i_{cor}, i_c^0 e i_a^0).

3.3.3 Parâmetros que Afetam a Velocidade de Corrosão

Em termos eletroquímicos, a velocidade de um processo corrosivo é expressa em termos da corrente de corrosão. Podemos identificar e analisar os efeitos dos parâmetros que a afetam de forma inteiramente análoga ao procedimento adotado na seção 3.2 para a eletrocatálise e utilizando os diagramas de Evans. Assim, na Figura 3.11, mostram-se os efeitos de i_o e b dos processos anódico e catódico sobre o valor da corrente de corrosão. Em função dos comportamentos observados para as várias situações apresentadas nesta Figura, os seguintes pontos podem ser destacados:

a. A Figura 3.11.a mostra que quanto menor for a corrente de intercâmbio da reação catódica, menor será a magnitude da corrente de corrosão.
b. Analogamente ao caso anterior, a Figura 3.11.b mostra que quanto menor for a corrente de intercâmbio da reação anódica, menor será também a magnitude da corrente de corrosão.
c. A Figura 3.11.c mostra que o coeficiente de Tafel pode também determinar o perfil da curva potencial-corrrente. Assim, valores elevados do coeficiente de Tafel para, por exemplo, a reação catódica levam a uma menor corrente de corrosão.

Em termos dos parâmetros fundamentais que governam a cinética dos processos eletródicos (ou seja, $\Delta G_0^{\neq}$, k_1 e $\Delta\varphi_e$), a explicação do efeito de i_o sobre a velocidade de corrosão pode ser dada da mesma forma que a apresentada para a eletrocatálise, na seção 3.2.1. Já o efeito do coeficiente de Tafel deve ser discutido em um contexto mais específico, considerando a cinética e o mecanismo das reações envolvidas, a natureza química das espécies eletroativas, as características superficiais do material metálico etc. Porém, em termos gerais, a problemática é análoga à que foi discutida para o caso da eletrocatálise.

Outros fatores importantes que têm influência sobre a velocidade de corrosão são a concentração do agente corrosivo (por exemplo, H^+ em meio ácido e O_2 em diversas condições práticas) e a condutividade do meio ao qual o metal está exposto. Na Figura 3.12, mostram-se os efeitos destas duas variáveis sobre a magnitude da corrente de corrosão através de gráficos de Evans, expressos em termos do potencial do eletrodo em função da densidade de corrente. Quando a concentração do agente corrosivo é pequena, como é o caso da concentração de oxigênio do ar atmosférico dissolvido em

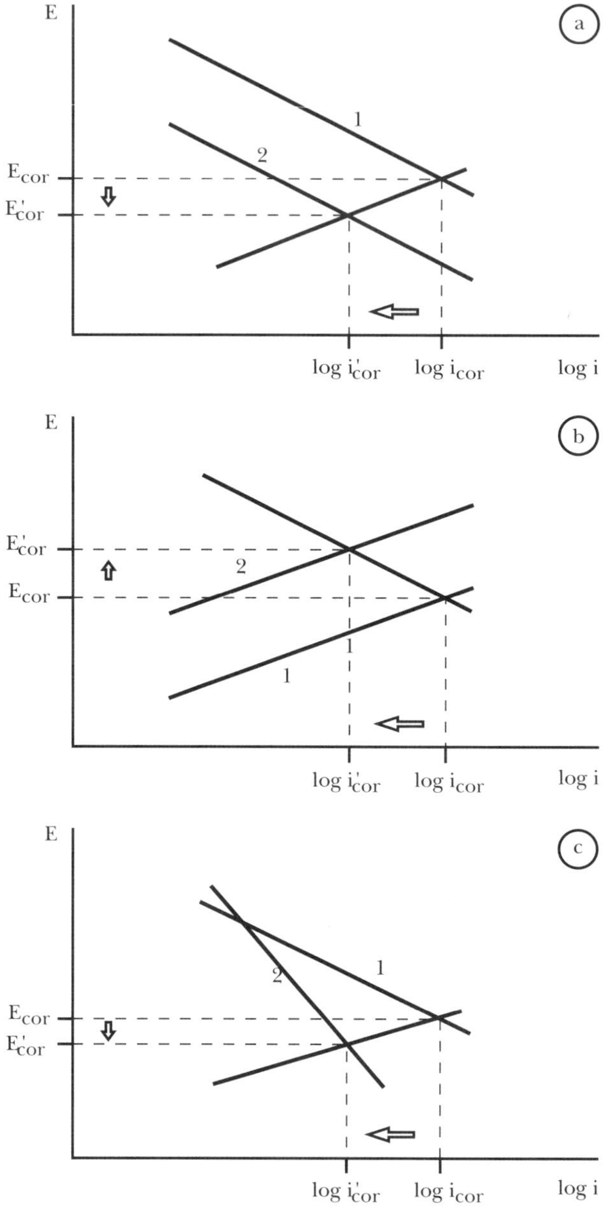

Figura 3.11 Efeitos dos parâmetros cinéticos i_o e b sobre a corrente de corrosão. Da condição 1 para a condição 2: (a) ocorre uma diminuição do i_o da reação catódica; (b) ocorre uma diminuição do i_o da reação anódica; (c) ocorre um aumento de *b* para a reação catódica.

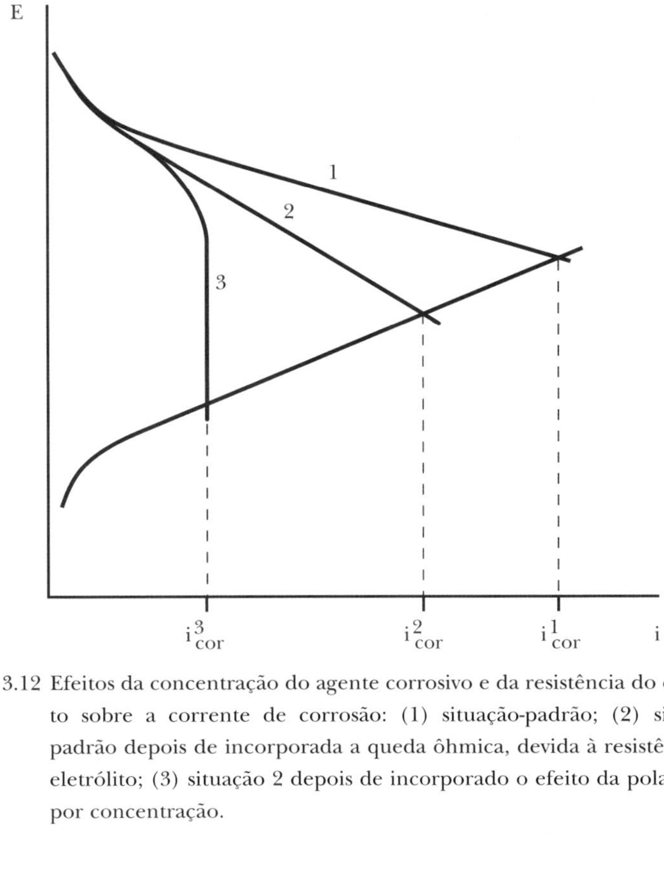

Figura 3.12 Efeitos da concentração do agente corrosivo e da resistência do eletrólito sobre a corrente de corrosão: (1) situação-padrão; (2) situação-padrão depois de incorporada a queda ôhmica, devida à resistência do eletrólito; (3) situação 2 depois de incorporado o efeito da polarização por concentração.

um dado eletrólito, a curva catódica atinge o limite difusional e a velocidade de corrosão passa a ser controlada pelo transporte do reagente aos centros de ataque no metal, sendo a corrente de corrosão tanto menor quanto menor for a concentração. Por outro lado, a Figura 3.12 também mostra que, se a condutividade do eletrólito é pequena, há um forte componente de polarização por queda ôhmica que também provoca uma diminuição no valor da corrente de corrosão. Um exemplo bem conhecido onde este efeito acelera os processos de corrosão é observado em ambientes localizados perto do litoral pois, devido à alta umidade e à alta concentração iônica da atmosfera marítima, há uma maior corrosão dos metais.

3.3.4 Proteção à Corrosão

Existem várias formas de proteger os metais para minimizar os efeitos dos processos corrosivos:

a. Recobrimento do material metálico com tintas ou vários tipos de filmes de outros metais mais nobres, aplicados por eletrodeposição ou outros métodos.
b. Adição de inibidores de corrosão ao meio eletrolítico.
c. Proteção anódica/catódica.
d. Passivação.

A maioria delas são explicadas visando os efeitos que provocam sobre os valores de i_0 e b das reações parciais de corrosão sobre a solubilidade do agente oxidante e sobre a condutividade efetiva do eletrólito, conforme será discutido a seguir.

RECOBRIMENTO POR FILMES NÃO-METÁLICOS E METÁLICOS

A pintura de uma peça metálica com resinas poliméricas tem a finalidade de desfavorecer a formação das células galvânicas responsáveis pelo processo corrosivo. A película orgânica torna a superfície do metal impermeável à umidade, diminuindo drasticamente a quantidade de eletrólito e, conseqüentemente, aumentando o efeito resistivo que passa a ser a etapa determinante do processo. O resultado final, conforme já discutido acima e exemplificado na Figura 3.12, será uma diminuição acentuada da corrente de corrosão.

O recobrimento da superfície por metais mais nobres impede o contato direto do metal de base com o ambiente corrosivo. Considera-se um metal mais nobre aquele que apresenta um potencial padrão de oxirredução superior ao do metal de base. O efeito será similar ao que foi apresentado na Figura 3.11.b e corresponderá a um deslocamento da curva anódica para cima, podendo ou não ser paralelo, fato que dependerá do mecanismo e da cinética da nova reação anódica. O deslocamento será tanto maior quanto mais nobre for o metal, podendo, em casos extremos, a curva anódica localizar-se acima da curva catódica. Neste caso, o processo corrosivo será a princípio termodinamicamente não-espontâneo, pois $E < 0$. Os filmes de metais são usualmente aplicados por eletrodeposição (este assunto será discutido em maiores detalhes no capítulo 4).

ADIÇÃO DE INIBIDORES DE CORROSÃO

Inibidores de corrosão são substâncias inorgânicas ou orgânicas que, quando adicionadas, provocam uma acentuada diminuição dos processos de corrosão. Normalmente, são espécies contendo nitrogênio ou enxofre na estrutura e têm a capacidade de se adsorver fortemente sobre a superfície metálica, provocando um bloqueio parcial da superfície e afetando a velocidade das reações que ali ocorrem.

Os inibidores de corrosão classificam-se em anódicos e catódicos. Os mecanismos de atuação dos dois são mostrados na Figura 3.13. Em ambos os casos, a presença do inibidor provoca uma mudança no perfil da curva corrente-potencial catódica ou anódica dos diagramas de Evans, cujo resultado final é uma diminuição no valor da corrente de corrosão. Conforme exemplificado nesta Figura, a alteração do perfil das curvas é resultante de uma alteração dos coeficientes de Tafel e/ou da corrente de intercâmbio das reações envolvidas.

A adição de inibidores de corrosão é uma prática comum no processo de decapagem ácida do aço, usado para a limpeza da superfície. A peça é colocada em solução de ácido clorídrico técnico concentrado, contendo a quantidade apropriada do inibidor de corrosão. Elementos agregados à superfície, como por exemplo óxidos de ferro, são dissolvidos pelo ataque químico do ácido, porém o metal de base é pouco afetado mesmo na presença do ambiente altamente agressivo.

PROTEÇÃO ANÓDICA/CATÓDICA

Nas situações onde é possível, o método consiste em conectar um potenciostato com desenho simplificado ao circuito eletroquímico que representa o processo corrosivo. Através deste equipamento, o potencial de corrosão é alterado de seu valor de equilíbrio, podendo ser afastado tanto em direção anódica quanto em direção catódica. O efeito observado sobre os diagrama de Evans em ambos os casos está mostrado na Figura 3.14.

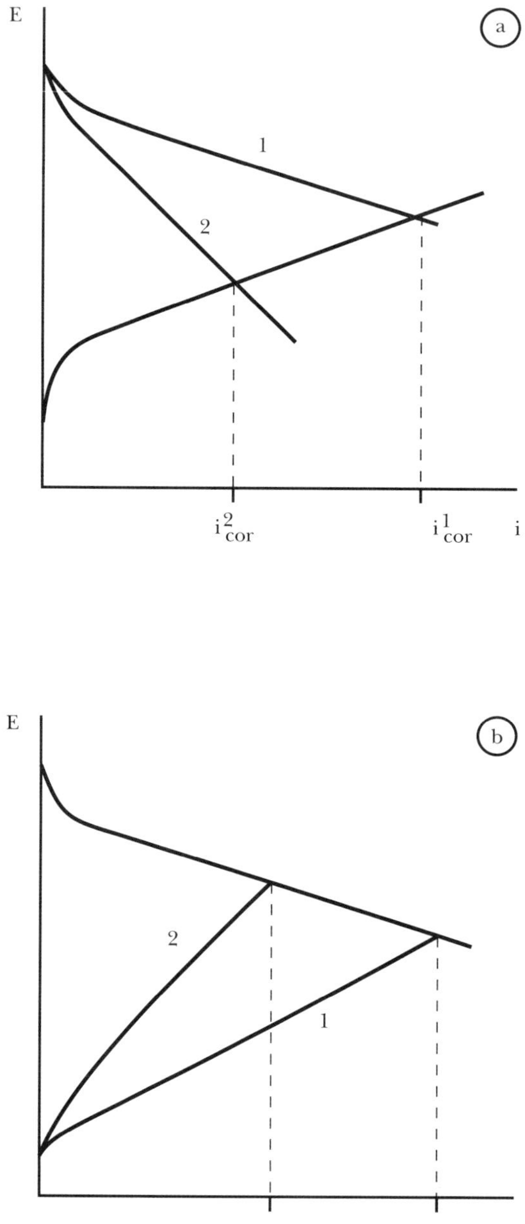

Figura 3.13 Efeito da adição de inibidores sobre a corrente de corrosão: (a) inibidor catódico; (b) inibidor anódico. As curvas 1, em ambos os casos, representam as situações na ausência do inibidor, enquanto as curvas 2 representam as situações na presença do inibidor.

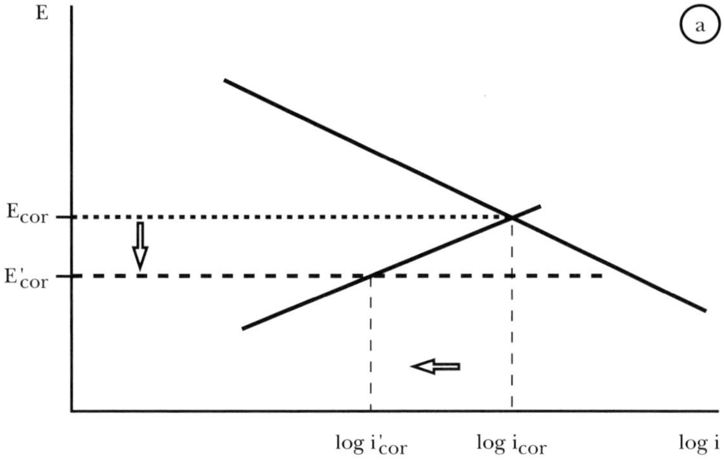

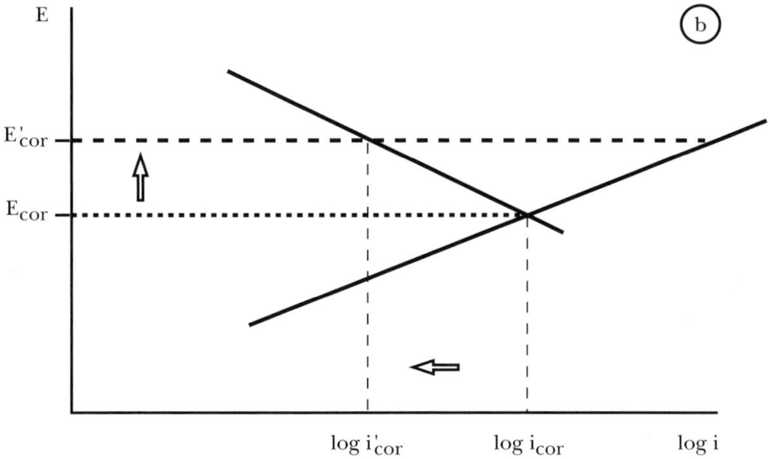

Figura 3.14 Proteção catódica (a) e proteção anódica (b) dos processos de corrosão. O deslocamento do potencial de corrosão tanto em direção catódica como anódica leva a uma diminuição da corrente de corrosão.

Neste novo potencial, cada uma das reações pode, em princípio, ocorrer com velocidades distintas que não correspondem ao valor da corrente de corrosão observado na ausência da perturbação eletroquímica. No caso de um afastamento do potencial de corrosão em direção catódica (Figura 3.14.a), a reação catódica deverá gerar uma corrente menor que aquela no potencial de equilíbrio, enquanto a reação anódica potencialmente geraria uma corrente maior. Entretanto, como as correntes envolvidas nas reações devem ser iguais, pois o sistema permanece eletricamente neutro, o processo global é controlado pela velocidade da reação mais lenta. Assim, a corrente de corrosão no estado final do sistema será exatamente igual àquela fornecida pela reação catódica sendo, portanto, menor do que na ausência da perturbação eletroquímica. Na prática, este procedimento é denominado de *proteção catódica.*

No outro caso, quando o afastamento se dá em direção anódica (*proteção anódica*), a descrição dos fenômenos pode ser feita de forma análoga a que foi apresentada para o caso da proteção catódica (Figura 3.14.b). Assim, conclui-se que, neste caso, a reação limitante do processo é a anódica.

Uma variante deste método consiste em conectar eletricamente em um sistema eletroquímico sujeito a um processo de corrosão um material metálico menos nobre chamado de *ânodo de sacrifício*, conforme é mostrado na Figura 3.15.a. Neste caso, existem duas reações anódicas possíveis. A reação do ânodo de sacrifício é mais favorecida do que aquela do metal primário (os diagramas de Evans estão representados na Figura 3.15.b).

Observa-se que a introdução do ânodo de sacrifício altera o potencial de corrosão do sistema, provocando um deslocamento na direção anódica (curvas 1 e 2). Com isto, a corrente que é gerada no processo catódico pode aumentar, porém duas reações anódicas estarão envolvidas na nova célula eletroquímica formada. Se a soma das duas contribuições anódicas for maior que a corrente catódica, esta contribuirá de forma determinante no processo e, portanto, corresponderá à corrente de corrosão. Observe, entretanto, que uma situação inversa poderá ser encontrada, fato que dependerá do posicionamento da curva de polarização do ânodo de sacrifício em relação à do material primário. Em qualquer um dos casos, nota-se que a contribuição do material de base à corrente de corrosão será menor do que na ausência do ânodo de sacrifício, e isto é o que interessa. Em um caso ideal, o dimensionamento de potenciais pode ser feito de tal forma que somente o ânodo de sacrifício contribui para a reação anódica, conforme ilustra a curva tracejada da Figura 3.15.b.

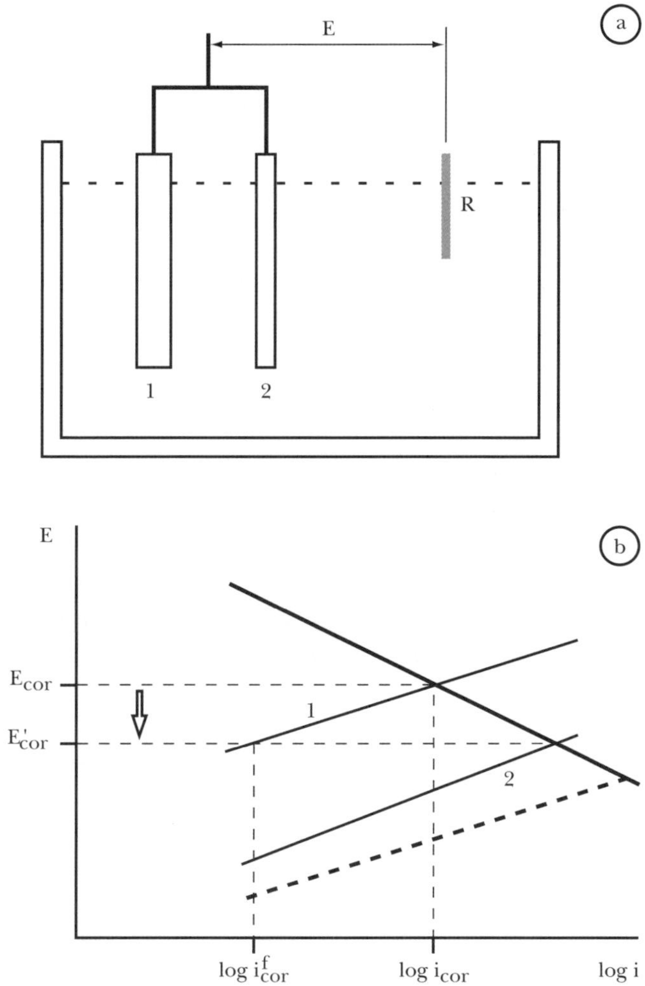

Figura 3.15 Introdução de ânodos de sacrifício para proteção do metal de base em processo de corrosão: (a) esquema do circuito eletroquímico, onde 1 é o metal de base e 2 é o ânodo de sacrifício; (b) diagramas de Evans para os casos considerados. i^f_{corr} representa a corrente de corrosão do metal de base após a introdução do ânodo de sacrifício. A linha tracejada corresponde ao caso de um outro ânodo de sacrifício que apresenta um potencial de oxirredução mais anódico do que o caso 2.

A introdução de ânodos de sacrifício é uma prática comum na proteção da carcaça de navios e de tubulações metálicas subterrâneas. Materiais como magnésio e alumínio (cujas propriedades mecânicas são inferiores às do aço para muitas aplicações práticas) são conectados em localização conhecida ao material primário da estrutura (usualmente aço) e periodicamente substituídos em função do seu desgaste. Com este procedimento, o material primário fica protegido e o seu tempo de vida útil é aumentado.

PASSIVAÇÃO DOS METAIS

Passivação é um fenômeno de bloqueio dos processos de corrosão que ocorre como conseqüência de mudanças na superfície dos metais. Por exemplo, quando aço é colocado em presença de ácido nítrico concentrado, inicialmente se observa uma alta taxa de desprendimento de hidrogênio que, após um certo tempo, começa a diminuir de intensidade até parar completamente. Se esta mesma peça é, em seguida, colocada em outro tipo de ácido (por exemplo HCl), ela permanecerá estável. Dizemos, então, que o aço sofreu um processo de passivação.

A passivação pode ser também induzida eletroquimicamente. Se um eletrodo de aço é imerso em um meio neutro e seu potencial varrido na direção anódica, o perfil corrente-potencial registrado tem o formato apresentado na Figura 3.16. Este experimento é semelhante ao que foi descrito para o eletrodo de platina na Figura 3.2, exceto que não registra a varredura catódica. Na região *A* da Figura 3.16, as correntes observadas são devidas à dissolução anódica do ferro, ou seja,

$$Fe \rightarrow Fe^{2+} + 2e^- \quad . \tag{3.27}$$

Nesta região, observa-se que a corrente vai aumentando progressivamente com o potencial. A região *B* é caracterizada pelo aparecimento de um pico da corrente de dissolução do metal, que então começa a diminuir. A região *C* corresponde à denominada região passiva do ferro em que a corrente de dissolução do metal através da reação 3.27 torna-se mínima. Se a varredura é estendida a potenciais ainda maiores (região *D*), a corrente começa a aumentar novamente, mas ela será decorrente da oxidação da água, ou seja, da ocorrência da reação de desprendimento de oxigênio ($2\ H_2O \rightarrow O_2 + 4H^+ + 4e^-$).

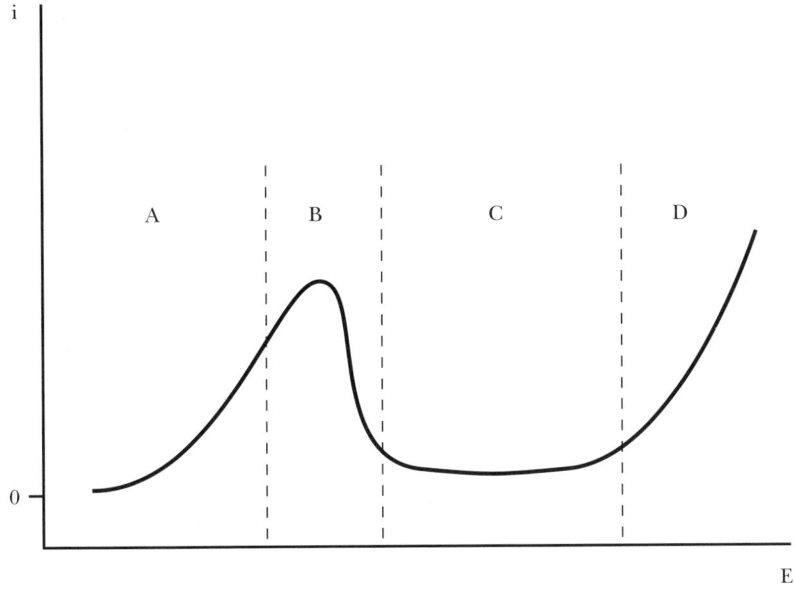

Figura 3.16 Perfil da curva anódica do voltamograma do ferro em meio neutro. As regiões *A*, *B*, *C* e *D* correspondem a diferentes processos que ocorrem na interface metal/solução. A região *C* corresponde ao ferro em seu estado passivado.

Nos intervalos *A*, *B* e *C* nota-se que o único processo visível que acontece é a dissolução do ferro que ocorre com velocidades distintas, dependendo da faixa de potencial. Este comportamento é explicado através do esquema apresentado na Figura 3.17. Na região *A*, os íons ferro gerados durante a dissolução do metal interagem com os íons OH^- do eletrólito e, enquanto a concentração não é muito elevada, o hidróxido de ferro formado

$$Fe^{2+} + 2OH^- \rightarrow Fe(OH)_2 \qquad (3.28)$$

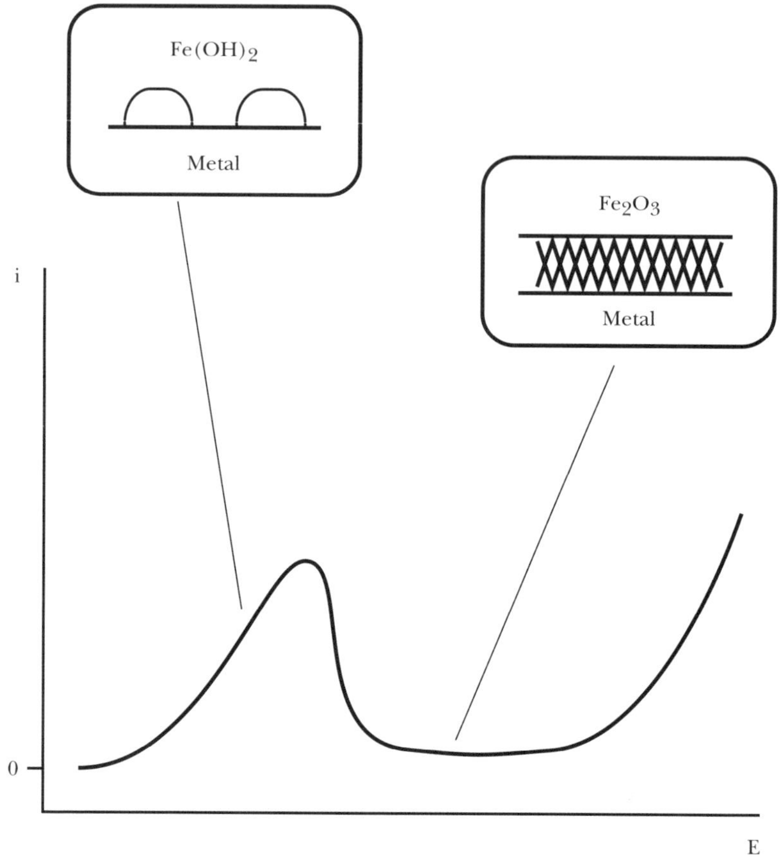

Figura 3.17 Mecanismo de passivação eletroquímica de ferro. Inicialmente, há formação de um filme de $Fe(OH)_2$ que em potenciais mais elevados oxida-se a Fe_2O_3, formando uma película isolante e impedindo a oxidação do metal de base.

dissolve-se e difunde-se em direção ao interior da solução. Entretanto, o aumento do potencial leva a um aumento da taxa de produção de $Fe(OH)_2$ que atinge seu limite de solubilidade e então começa a precipitar sobre a superfície do metal. O material precipitado é isolante elétrico e provoca um bloqueio da superfície que resultará no decréscimo de corrente observado a partir da região *B*. Com o aumento do potencial, o hidróxido de ferro precipitado começa a se oxidar a Fe_2O_3 e a formar uma camada compacta que acaba por bloquear definitivamente a superfície do metal. Este mecanismo é o resultado de análises aprofundadas dos eventos através de técnicas espectroscópicas e elipsometria *in situ*.

3.4 CORRELAÇÕES ENTRE ELETROCATÁLISE E CORROSÃO

Por uma análise global dos conceitos colocados neste capítulo para a eletrocatálise e para a corrosão metálica, podem-se identificar vários pontos em comum entre estas duas áreas. A identificação iniciase pela diferença básica entre os dois casos, pois as idéias colocadas perseguem objetivos antagônicos. Enquanto nos estudos de eletrocatálise visa-se promover a reação de forma a minimizar as perdas de potencial decorrentes da polarização eletródica, nos estudos de corrosão, a idéia é bloquear as reações tendo-se como meta impedir a dissolução do metal. Entretanto, deve-se observar que em ambos os casos os conceitos utilizados apoiam-se nas mesmas equações e nos mesmos parâmetros eletroquímicos. Assim, um i_0 elevado é o que se almeja em um processo de eletrocatálise, enquanto que um valor pequeno é o que se desejaria em um processo de corrosão; a mesma situação antagônica é o que se espera dos valores do coeficiente de Tafel.

Possíveis modificações na composição do meio eletrolítico ou nas propriedades da superfície dos materiais também são importantes em ambos os casos. Os inibidores de corrosão bloqueiam as reações e protegem os materiais, e em processos eletrocatalíticos muitas vezes a presença de impurezas tem um efeito similar, o que é prejudicial para esta situação. O conceito de inibição aplica-se ao fenômeno de passivação, no qual a presença de um óxido superficial bloqueia as reações de corrosão protegendo o metal, fato que seria negativo caso se tratasse de um processo eletrocatalítico.

4

Conversão Eletroquímica de Energia

4.1 INTRODUÇÃO

A configuração mínina de um sistema eletroquímico prático é constituída por dois eletrodos (condutores eletrônicos) e por um eletrólito (condutor iônico) e recebe a denominação de *célula unitária.* Em um dos eletrodos, o *ânodo,* ocorre uma reação de oxidação enquanto que no outro, o *cátodo,* uma reação de redução, sendo que o eletrólito participa no processo fundamentalmente no transporte das cargas elétricas geradas. Genericamente, podemos escrever para as reações eletródicas:

$$O + n_1e^- \rightarrow P_1 \qquad \text{(processo de redução, cátodo)} \tag{4.1}$$

$$R \rightarrow P_2 + n_2e^- \qquad \text{(processo de oxidação, ânodo)} \tag{4.2}$$

e para a reação total da célula balanceada eletricamente:

$$n_2O + n_1R \rightarrow n_2P_1 + n_1P_2 \qquad \text{(reação total)} \tag{4.3}$$

A reação 4.3 pode ou não ser espontânea, fato que dependerá da variação de energia livre decorrente da transformação dos reagentes em produtos, ou seja, do ΔG. Deste ponto de vista, os sistemas eletroquímicos podem apresentar características bastante distintas entre si, discutidas nos seguintes termos:

a. Sistemas espontâneos que fornecem trabalho elétrico útil
   A variação da energia livre da reação é menor que zero ($\Delta G < 0$). Conforme foi discutido na Introdução, em termos eletroquímicos, isto significa que no circuito aberto a diferença de potencial entre os eletrodos (E(cátodo) – E(ânodo)) será positiva, ou seja, $E > 0$. Os sistemas práticos que apresentam estas características são usualmente empregados para conversão e armazenamento eletroquímico de energia e os exemplos mais comuns são os diversos tipos de pilhas, baterias (funcionando no modo de descarga), células a combustível etc. Em outras palavras, sistemas deste tipo geram energia elétrica útil a partir da ocorrência de uma reação eletroquímica que se verifica no seu interior. Estes sistemas serão analisados em detalhes na seção 4.2 deste capítulo.
b. Sistemas espontâneos que não fornecem trabalho útil
   Neste caso, a variação de energia livre é menor que zero, porém o sistema não pode executar trabalho elétrico útil. Um exemplo disto são os fenômenos de corrosão eletroquímica em que o processo anódico corresponde à reação de dissolução do metal (por exemplo, $Fe \rightarrow Fe^{2+} + 2e^-$). Este assunto foi tema de discussão específica no capítulo 3.
c. Sistemas não-espontâneos
   Neste caso, a variação da energia livre da reação é maior que zero e corresponde exatamente ao caso oposto do item “a”. Estes sistemas promovem a ocorrência de uma reação eletroquímica, na medida em que são alimentados por energia elétrica. Exemplos deste tipo de sistema são as baterias funcionando no seu modo de carga, eletrolisadores de água que produzem industrialmente hidrogênio e oxigênio, os eletrolisadores de salmora que produzem cloro e soda cáustica, os eletrolisadores de acrilonitila para produção de adiponitrila, os eletrolisadores de eletrodeposição metálica (niquelação, cromação etc). Outros exemplos são os pro-

cessos de eletrorrefino, osmose reversa, eletrodiálise e vários outros sistemas que serão apresentados mais adiante no capítulo 5.

Existe ainda uma classe importante de sistema eletroquímico que não envolve a produção direta de energia, de um produto ou de uma transformação química, como nos casos tratados anteriormente. São os sensores eletroquímicos cuja finalidade é detectar baixas concentrações (ppm) de poluentes e outras espécies, o que é de fundamental importância em diversas áreas de interesse da sociedade moderna. Este assunto será tratado em maiores detalhes no capítulo 5.

Neste capítulo serão tratados os sistemas que promovem a conversão espontânea da energia liberada por uma reação eletroquímica em energia elétrica. Isto é possível porque as reações parciais de oxidação e redução ocorrem em eletrodos separados e isolados eletricamente, de forma que os elétrons envolvidos somente podem circular por um circuito externo. Para ilustrar os conceitos termodinâmicos e cinéticos que regem o comportamento destes sistemas, será utilizado como exemplo o caso das células a combustível. Em seguida, serão descritas as principais características de vários outros tipos de sistemas mais comuns na atualidade.

4.2 CÉLULAS A COMBUSTÍVEL

As células a combustível são conversores de energia química em energia elétrica, como é o caso das pilhas e baterias em geral. Entretanto, a reação na célula é uma verdadeira reação de combustão, na qual um combustível é oxidado e o oxigênio, usualmente do ar, é reduzido. Na célula, o combustível é oxidado em um dos eletrodos, o ânodo, enquanto o oxigênio é reduzido em outro, o cátodo. A reação completa-se com a circulação dos elétrons no circuito externo, que realiza o trabalho elétrico.

No estado atual de desenvolvimento da tecnologia, o único combustível que fornece densidades de corrente (corrente por unidade de área de seção transversal) de interesse prático é o hidrogênio.

Células que utilizam metanol como combustível já existem, mas as densidades de corrente obtidas são relativamente baixas. Assim, quando se dispõe de combustíveis como gás natural, metanol, etanol, biogás etc. o procedimento usual é submeter o combustível a uma reforma a vapor para se obter hidrogênio que é introduzido na célula.

Uma célula a combustível unitária é constituída de dois eletrodos, cuja composição depende do tipo de célula, separados por um eletrólito. Por trás dos eletrodos, existem separadores que têm por finalidade distribuir os gases reagentes e conduzir a eletricidade. O esquema está ilustrado na Figura 4.1. Um empilhamento de várias células unitárias constitui um gerador. Como resultado do funcionamento de uma célula de hidrogênio/oxigênio obtém-se eletricidade, água como produto e calor gerado pela dissipação do sistema.

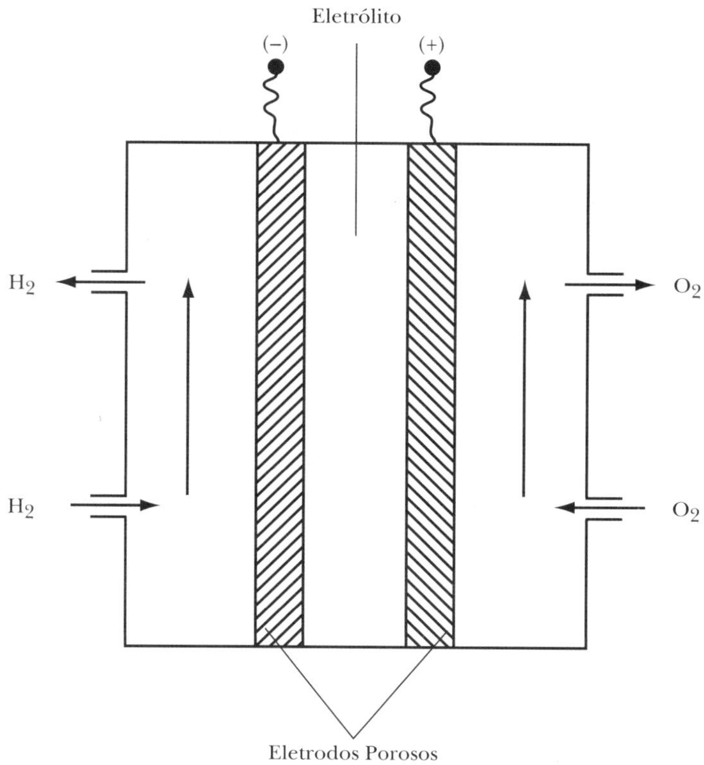

Figura 4.1 Esquema de uma célula a combustível unitária.

No estado atual de desenvolvimento, a classificação das células a combustível é feita em função do eletrólito utilizado. As células mais avançadas são ácidas (H_3PO_4, 98%), alcalinas (KOH, 30%), de eletrólito polimérico sólido (uma membrana ionomérica condutora iônica é empregada, por exemplo, Nafion, E. I. Dupont de Nemours 2 Co., EUA), de carbonatos fundidos (Li_2CO_3/K_2CO_3) e de óxidos sólidos (óxido de ítrio/óxido de zircônio).

4.2.1 Considerações de Cinética Eletroquímica

Para estas discussões, utiliza-se como base o esquema da Figura 4.1. Na medida em que os eletrodos da célula são supridos com os gases reagentes, surge uma diferença de potencial entre eles que, a circuito aberto, é igual ao potencial reversível da dupla H_2/O_2, ou seja, 1,23 V a 25°C. Entretanto, se a carga externa for conectada, a voltagem entre os eletrodos torna-se função da corrente que está circulando e corresponde ao potencial reversível subtraído de três componentes de polarização dos eletrodos, conforme já discutidos no capítulo 2: a polarização por ativação, por concentração e por queda ôhmica. A Figura 4.2 ilustra estas contribuições e suas respectivas dependências com a densidade de corrente.

A polarização por queda ôhmica resulta da existência de resistências elétricas no interior das células. As contribuições principais são devidas aos eletrólito, eletrodos e contatos elétricos. Deve-se destacar que, como a voltagem da célula é muito pequena (< 0,8 V, em funcionamento), pequenos componentes resistivos podem provocar perdas de potencial significativamente elevadas. Na prática, para manter a polarização ôhmica pequena, os eletrodos são construídos para possuírem alta condutividade eletrônica (em geral, grafite impregnado com um catalisador é empregado). Por outro lado, o compartimento do eletrólito que separa os eletrodos é desenhado de forma a manter uma distância mínina entre eles. Por exemplo, nas células alcalinas, a distância entre os eletrodos é da ordem de 2 mm; nas células ácidas o H_3PO_4 é colocado embebido em uma matriz de carbeto de silício (SiC), com espessura de aproximadamente 0,1 mm; nas células com polímero sólido, a espessura da membrana utilizada é também da ordem de 0,1 mm.

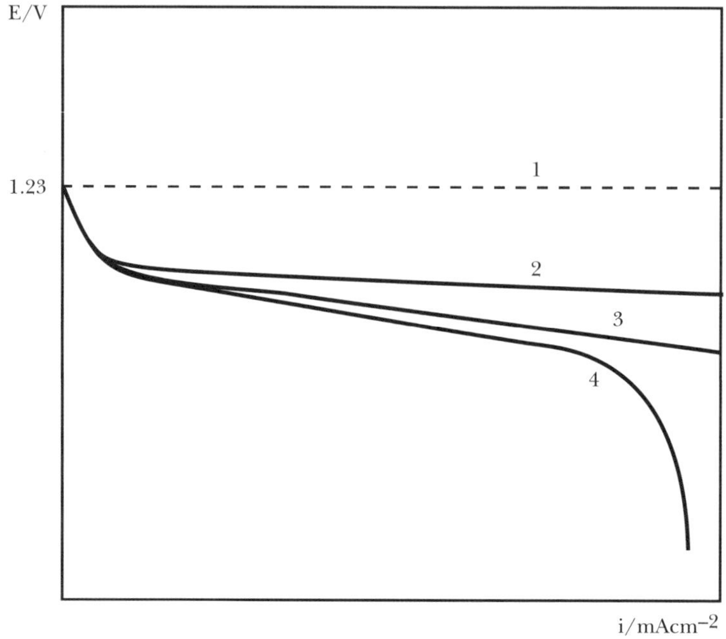

Figura 4.2 Curva voltagem-corrente de uma célula a combustível, ilustrando os efeitos dos vários tipos de polarização: (1) potencial reversível da célula; (2) curva resultante depois de considerada a polarização por ativação dos eletrodos; (3) curva resultante depois de somada a polarização por queda ôhmica; (4) curva resultante depois de somada a polarização por concentração.

A polarização por concentração resulta do esgotamento do gás reagente na interface eletrodo/eletrólito. Isto acontece por causa do consumo do gás reagente através da reação eletródica responsável pelo fornecimento dos elétrons durante a operação do sistema — problema agravado pela baixa solubilidade dos gases. Na prática, os eletrodos devem possuir elevada área interfacial e ser porosos para garantir o fácil e contínuo acesso dos reagentes gasosos.

A polarização por ativação reflete uma limitação imposta, pois as velocidades das reações eletródicas são finitas. Um eletrocatalisador incorporado à estrutura do eletrodo desempenha um papel fundamental no aumento das velocidades das reações e, conseqüentemente, na minimização dos sobrepotenciais de ativação.

As reações que se processam em uma célula de H_2/O_2 são a de oxidação do hidrogênio e a de redução de oxigênio, levando à formação de água como produto final, ou seja,

$$\text{ânodo:}\quad 2\,H_2 \rightarrow 4H^+ + 4\,e^- \tag{4.4}$$

$$\text{cátodo:}\quad O_2 + 4\,H^+ + 4\,e^- \rightarrow 2\,H_2O \quad \text{(em meio ácido)} \tag{4.5}$$

$$\text{total:}\quad 2\,H_2 + O_2 \rightarrow 2\,H_2O\ . \tag{4.6}$$

O mecanismo e a cinética das duas reações parciais e a influência dos materiais eletródicos (eletrocatalisadores) sobre elas foram discutidos em detalhe nos capítulos 2 e 3.

Os eletrodos empregados nas células a combustível são denominados de eletrodos de difusão de gás. Conforme mostra a Figura 4.1, estes eletrodos são posicionados na célula separando o eletrólito dos reagentes gasosos. Assim, a estrutura eletródica deve permitir a estabilização do menisco de eletrólito no seu interior sem prejudicar o acesso dos gases reagentes aos sítios ativos. Em razão disto, os eletrodos são construídos contendo duas camadas porosas, a camada difusora colocada ao lado do gás e a camada catalisadora colocada em contato com o eletrólito. Basicamente as duas camadas devem apresentar as seguintes características principais:

a. Camada difusora
   Esta camada cumpre as funções básicas de distribuir o gás reagente, facilitar a remoção dos produtos e conectar eletricamente a camada catalisadora aos circuitos elétricos externos. Na maioria dos casos, a camada difusora também atua como suporte mecânico do eletrodo.
b. Camada catalisadora
   Esta camada cumpre a função de promover eficientemente a reação eletroquímica e, conseqüentemente, as características de área eletroquímica efetiva e de eletrocatálise são as propriedades mais importantes. O menisco de eletrólito se estabiliza ao longo desta camada.

Historicamente, podem-se identificar dois períodos distintos no desenvolvimento dos eletrodos de difusão de gás. Até a década de

60, apenas estruturas metálicas porosas eram utilizadas; o menisco de eletrólito era estabilizado pela construção da camada difusora com poros menores que os da camada catalisadora. O eletrocatalisador era o próprio material estrutural da camada catalisadora ou consistia de outros materiais sedimentados sobre o esqueleto poroso metálico. Os materiais eletródicos freqüentemente mencionados eram níquel, níquel Raney, prata Raney, lítio etc. Apenas eletrólitos alcalinos eram considerados.

A partir da década de 30, com a descoberta do PTFE (E. I. Dupont) e de suas propriedades hidrofóbicas, uma nova classe de estruturas eletródicas passou a ser desenvolvida baseada em eletrocatalisadores de pó de metais nobres como platina, ouro, paládio, ligas de platina etc. Nestes eletrodos, o Teflon cumpre a função de conferir estabilidade mecânica e ao mesmo tempo de estabilizar o menisco de eletrólito. Além disto, a excelente estabilidade química e térmica do material permitiu o avanço de tecnologias de células a combustível com eletrólitos aquosos ácidos e de membranas trocadoras de prótons que podem operar em temperaturas de até 250° C.

A grande força motivadora para o desenvolvimento dos eletrodos hidrofóbicos de carbono poroso catalisados com platina (pura ou em liga com outro metal) foi a célula a combustível de ácido fosfórico. Trabalhos conduzidos a partir da década de 70 mostraram que era possível aumentar a área efetiva do catalisador nobre de 20 m^2/g (pó metálico puro) para um valor acima de 100 m^2/g através da deposição de partículas de platina em um suporte condutor adequado. Várias espécies de carbono, particularmente negro de fumo purificado e grafitizado, apresentaram estabilidade química e suficiente área superficial para atuarem como substratos. No estado atual de desenvolvimento, os eletrodos utilizados na célula de ácido fosfórico apresentam a camada difusora formada por um papel de grafite hidrofóbico (50% de PTFE em massa) e a camada catalisadora fabricada a partir da mistura de Teflon (40% em massa) com pó de carbono catalisado com partículas de platina na razão de 10% de Pt/C em massa.

Uma revisão da literatura mostra que para células com eletrólitos aquosos contendo H_2SO_4, H_3PO_4 etc. muitos trabalhos experimentais têm sido efetuados com o objetivo de correlacionar os efeitos estruturais do eletrodo e sua atividade eletroquímica global. Alguma ênfase foi dada no final da década de 70 ao estudo do mecanismo da reação de redução de oxigênio e a verificação das vantagens e desvantagens de utilização do catalisador com 10% de Pt/C em comparação com o pó do metal puro. Desde então, têm sido publicados vários trabalhos relacionados com o estudo dos parâmetros estruturais da camada catalisadora de eletrodos contendo o catalisador de Pt/C com diferentes propriedades hidrofóbicas, cargas de platina e tamanhos das partículas do catalisador. Outras atividades de pesquisa na área estão voltadas à minimização do uso do catalisador nobre nos eletrodos e ao aumento do tempo de vida dele. Catalisadores formados por ligas de platina com outros metais tais como cromo, vanádio, titânio, prata, cobalto etc. já foram considerados em outros trabalhos.

O desempenho de um eletrodo de difusão de gás é governado por fatores intrínsecos relacionados com a eficiência do catalisador utilizado e por fatores fenomenológicos ligados a estrutura da camada catalisadora. Na Figura 4.3 apresenta-se um esquema da zona reacional localizada dentro da estrutura porosa. As partículas do catalisador, o eletrólito e o reagente gasoso interagem em uma

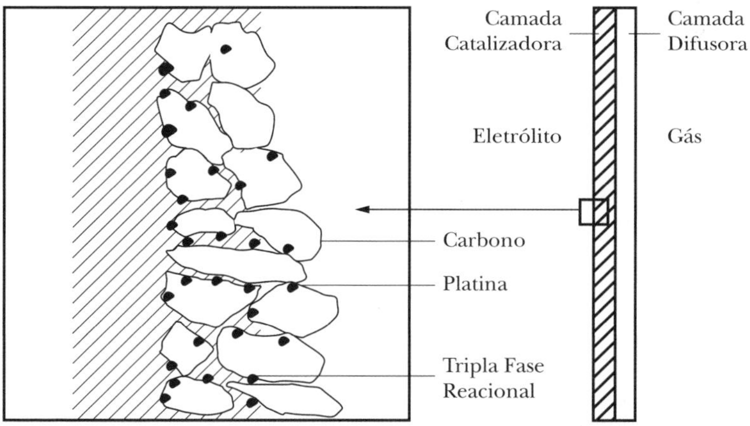

Figura 4.3 Esquema da estrutura de um eletrodo de difusão de gás. No detalhe, ilustra-se a formação de tripla fase reacional formada pelo catalisador (sólido), pelo eletrólito e pelo gás.

região de geometria complexa, chamada tripla fase reacional, cujas propriedades podem resultar no aparecimento de fenômenos difusionais ou ôhmicos internos que limitam a eficiência do eletrodo, especialmente em altas densidades de corrente.

Vários modelos têm sido propostos para descrever o modo de operação dos eletrodos de difusão de gás procurando quantificar os efeitos dos parâmetros estruturais e operacionais que determinam o desempenho do eletrodo. Tais modelos apresentam diferentes características que partem primeiramente das várias estruturas assumidas, do tipo de controle que está operando sobre o eletrodo (ativação, ôhmico ou transporte de massa) e dos regimes de operação (corrente contínua, alternada etc.). Os leitores devem-se dirigir a textos mais especialisados para obter maiores informações sobre este assunto.

4.2.2 Considerações de Termodinâmica Eletroquímica

A energia total liberada em uma reação química é igual a sua variação de entalpia (ΔH). No entanto, o trabalho útil máximo que pode ser obtido está determinado pela variação de energia livre (ΔG) desta mesma reação. Estas quantidades correlacionam-se através da expressão:

$$\Delta G = \Delta H - T\Delta S \quad , \tag{4.7}$$

onde ΔS é a variação de entropia associada à reação. Com estas grandezas, pode-se determinar a eficiência termodinâmica (η_T) de conversão eletroquímica, ou seja, a fração da energia química dos reagentes que é transformada em energia elétrica que, de acordo com as considerações acima, será:

$$\eta_T = \frac{\text{energia disponível para realizar trabalho}}{\text{energia total liberada}} = \frac{\Delta G}{\Delta H} \tag{4.8}$$

ou substituindo a equação 4.7,

$$\eta_T = \frac{\Delta H - T\Delta S}{\Delta H} = 1 - \frac{T\Delta S}{\Delta H} \quad . \tag{4.9}$$

Assim, observa-se que o termo $T\Delta S/\Delta H$ é o fator limitante da eficiência termodinâmica do processo. As reações envolvidas em um sistema espontâneo de conversão eletroquímica de energia apresentam ΔG e ΔH negativos. Portanto para estas reações:

a. Se ΔS for positivo, a eficiência termodinâmica será maior que 1. Neste caso, o sistema absorve calor das redondezas e é capaz de fornecer mais energia que a entalpia da reação.
b. Se ΔS for igual a zero, a eficiência termodinâmica será igual a 1.
c. Se ΔS for negativo, a eficiência termodinâmica será menor que 1. Neste caso, a parte da variação de entalpia da reação que não é transformada em trabalho elétrico é liberada na forma de calor.

A equação 4.8 pode ser reescrita baseando-se na conhecida relação da termodinâmica eletroquímica $\Delta G = -nFE$ (E é a diferença de potencial entre os eletrodos e ΔG é a variação de energia livre total do sistema eletroquímico):

$$\eta_T = \frac{-nFE}{\Delta H} = -\frac{E}{(\Delta H / nF)} \quad , \tag{4.10}$$

onde o termo $\Delta H/nF$ é o potencial termoneutro da reação eletroquímica.

Utilizando-se o esquema e as reações das células a combustível discutidos nesta seção, sabe-se que a variação de entalpia para a reação total é $\Delta H = -569{,}3$ kJ/mol ($T = 25^{o}$C), para $n = 4$. Assim, a equação 4.10, para E dado em volts, corresponde a

$$\eta_T = \frac{E}{1{,}475} \quad . \tag{4.11}$$

De acordo com os conceitos cinéticos já apresentados verifica-se que o potencial da célula a combustível varia em função da densidade de corrente que está circulando, sendo que seu valor máximo ($E = 1{,}23$ V, a 25°C) é obtido quando $i = 0$ e, portanto, quando o sistema está em equilíbrio. Se este valor é substituído na equação 4.10 obtém-se 83% de eficiência máxima (eficiência termodinâmica) de conversão de energia para o sistema a 25º C. Entretanto, em condições de operação e devido aos componentes de polarização já discutidos, a voltagem é sempre inferior a 1,23 V resultando em valores menores de eficiência. Em condições práticas, a célula opera ao redor de 0,7 V e, portanto, com uma eficiência de conversão de energia química em elétrica próxima a 50%.

4.3 BATERIAS PRIMÁRIAS

Sob esta denominação são classificados todos os sistemas eletroquímicos que fornecem trabalho elétrico útil a partir de reagentes contidos no seu interior. Uma vez esgotados estes reagentes, o sistema é descartado. No Brasil, as baterias primárias são conhecidas pela denominação de pilhas.

Os sistemas mais comuns conhecidos atualmente tiveram o seu desenvolvimento acelerado durante a Segunda Guerra Mundial e trata-se das pilhas formadas por eletrodos de zinco e dióxido de manganês. Três tipos de células destacam-se:

a. A tradicional "célula de Leclanché" ou "*zinc carbon*, Zn/C", constituída por um eletrólito formado por cloreto de zinco em uma solução ligeiramente ácida. Um dos eletrodos é uma lâmina de zinco e o outro é composto de pó de MnO_2 misturado com carbono e prensado sobre um bastão também de carbono. O esquema está ilustrado na Figura 4.4.
b. As pilhas alcalinas, que funcionam com os mesmos componentes ativos, porém utilizando um eletrólito alcalino (KOH).
c. A célula de "*zinc chloride*, Zn/Cl" na qual o eletrólito é formado por um meio amoniacal contendo KOH. Esta célula representa um aprimoramento do desenho da célula alcalina convencional, em que o MnO_2 natural é substituído por MnO_2 de alta pureza produzido eletroquimicamente por oxidação de manganês metálico.

O cátodo das células alcalinas é constituído por um material comprimido de MnO_2 na forma de um cilindro oco em cujo interior são empacotados o eletrólito e o ânodo formado por um material de zinco poroso. O esquema está mostrado na Figura 4.5.

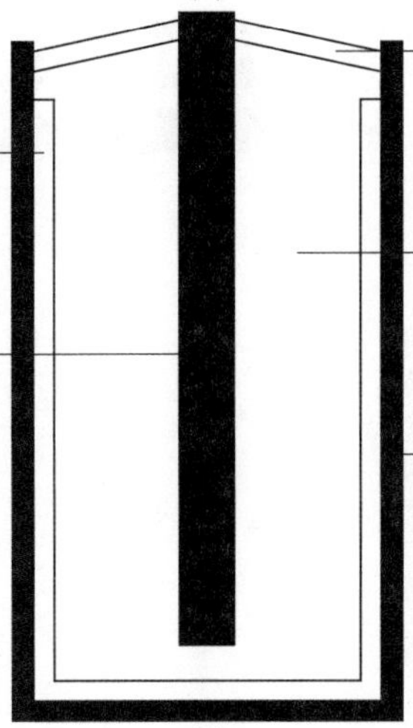

Figura 4.4 Esquema da estrutura da célula primária de Leclanché. O cátodo/eletrólito é uma mistura formada por MnO_2, carbono, NH_4Cl, $ZnCl_2$ e H_2O.

Tradicionalmente, estas células primárias contêm uma certa quantidade de mercúrio, considerado poluente, no ânodo de zinco, cuja finalidade é suprimir a produção de H_2 durante o funcionamento. Nas pilhas alcalinas desenvolvidas atualmente, a quantidade de mercúrio é muito pequena e não representa uma grande ameaça ao meio ambiente.

Os processos nos eletrodos são irreversíveis e podem ser representados pelas seguintes reações:

$$\text{eletrodo positivo: } 3MnO_2 + 2H_2O + 4e^- \overset{\text{descarga}}{\Longrightarrow} Mn_3O_4 + 4OH^- \tag{4.12}$$

$$\text{eletrodo negativo: } Zn + 2OH^- \overset{\text{descarga}}{\Longrightarrow} ZnO + H_2O + 2e^- \tag{4.13}$$

$$\text{reação total: } 3MnO_2 + 2Zn \overset{\text{descarga}}{\Longrightarrow} Mn_3O_4 + 2ZnO \tag{4.14}$$

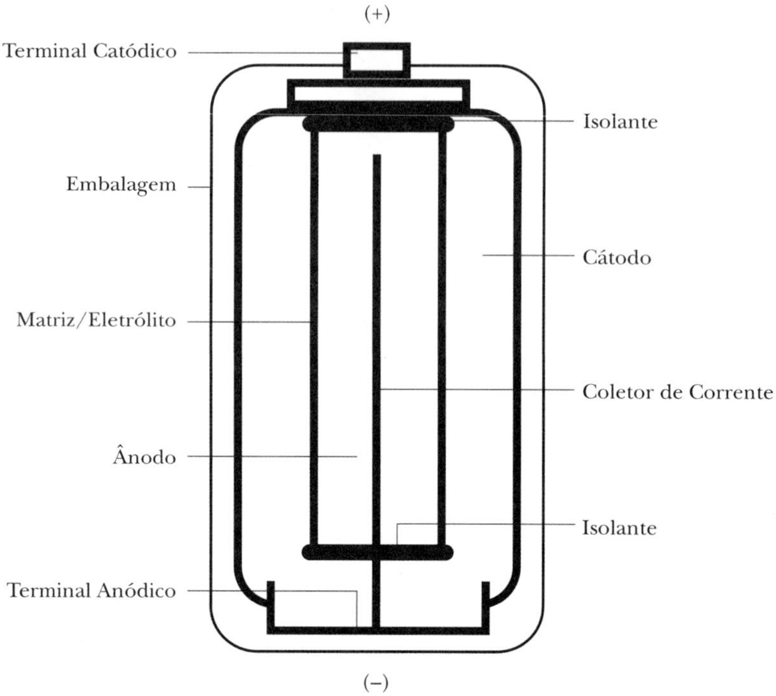

Figura 4.5 Esquema da estrutura de uma célula primária alcalina. A matriz/eletrólito é um material poroso isolante elétrico que retém o eletrólito alcalino (KOH).

Além das baterias primárias de Zn-MnO_2, outros tipos de células primárias têm sido desenvolvidos, porém com menor destaque. Exemplos interessantes são as células de Zn-ar ou Al-ar que são formadas por um eletrodo metálico (Zn, Al) e um eletrodo de difusão de gás cujo reagente é o ar atmosférico, embebidos em um eletrólito alcalino com pH não muito elevado. Estas baterias podem ser reutilizadas trocando-se a solução e as placas de metal. Outros tipos são as chamadas baterias primárias de lítio formadas por um eletrodo de lítio metálico (ânodo) combinado com um eletrodo de MnO_2, SO_2 ou $SOCl_2$, imersos em meio não aquoso, usualmente constituído por carbonato de propileno e um eletrólito suporte adequado. Estes últimos exemplos de células primárias são freqüentemente montados na forma de um botão, conforme mostra a Figura 4.6 e são utilizados em aparelhos de surdez, relógios de pulso etc.

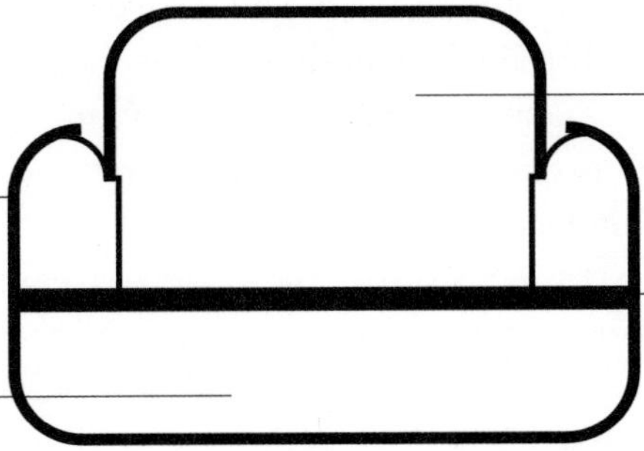

Figura 4.6 Esquema de uma célula de lítio primária na forma de botão. A matriz/eletrólito é formada por um material isolante elétrico embebido pelo eletrólito (carbonato de propileno).

4.4 BATERIAS SECUNDÁRIAS

A diferença essencial entre uma bateria primária e uma secundária é que no segundo sistema as reações responsáveis pela geração de energia elétrica podem ser revertidas. Assim, após a descarga, o sistema pode ser regenerado e o número de ciclos descarga/carga pode passar de 1 000. No Brasil, a denominação comum dada para este tipo de sistema é *bateria.*

Existe uma grande diversidade de células secundárias. As mais comuns atualmente são:

a. Baterias que empregam níquel em um de seus eletrodos, usualmente denominadas de baterias de níquel.
b. As tradicionais baterias chumbo/ácido.
c. As baterias zinco/manganês.

4.4.1 Baterias de Níquel

Nestes sistemas, o elemento níquel é empregado para a montagem de um dos eletrodos, e o eletrólito é alcalino, usualmente uma solução de KOH. Os dois tipos principais desta bateria são a níquel-cádmio e a níquel-hidreto metálico. Este último, ainda pouco comum no mercado brasileiro, tem sido desenvolvido com o intuito de substituir o cádmio, considerado agressivo ao meio ambiente. O desenho mais comum para estes sistemas é similar ao das baterias primárias descrito na Figura 4.5.

As principais características dos materiais e eletrodos que compõem estes sistemas são descritos a seguir.

ELETRODO DE NÍQUEL

Ambas as baterias empregam o mesmo tipo de eletrodo de níquel, que representa o eletrodo positivo. Usualmente é formado por um substrato de níquel na forma de esponja ou de uma lâmina sinterizada, onde se deposita o hidróxido de níquel que é, na realidade, a substância eletroativa. Isto é feito por dois métodos:

a. O primeiro envolve a impregnação química do substrato poroso com precipitado de nitrato de níquel que é subseqüentemente convertido a hidróxido de níquel.
b. No segundo, a impregnação é feita eletroquimicamente a partir da oxidação da solução de nitrato de níquel.
A reação que ocorre neste eletrodo durante o ciclo de carga/descarga pode ser representada por:

$$NiOOH + H_2O + e^- \underset{\text{carga}}{\overset{\text{descarga}}{\Leftrightarrow}} Ni(OH)_2 + OH^- \qquad (4.15)$$

(eletrodo de níquel)

ELETRODO DE CÁDMIO

Corresponde ao eletrodo negativo na bateria níquel-cádmio. Os dois tipos principais de eletrodos de cádmio utilizados são: os empastados e os de cádmio sinterizado. No primeiro caso, uma pasta formada por hidróxido de cádmio, um elemento aglutinante e uma pequena quantidade de um material condutor são sedimentadas sobre uma folha de cádmio metálico. No segundo, os procedimentos são semelhantes aos descritos para o eletrodo de níquel. A reação redox do eletrodo na bateria é representada por:

$$Cd + 2OH^- \underset{\text{carga}}{\overset{\text{descarga}}{\Leftrightarrow}} Cd(OH)_2 + 2e^- \tag{4.16}$$

(eletrodo de cádmio)

ELETRODO DE HIDRETO METÁLICO

Corresponde ao eletrodo negativo na bateria níquel-hidreto. Para estes eletrodos utilizam-se ligas metálicas que têm a propriedade de formar hidretos com hidrogênio e liberá-lo reversivelmente na forma de gás. As ligas que acumulam grandes quantidades de hidrogênio são usualmente formadas por níquel em misturas com metais de terras raras, por exemplo $LaNi_5$ ou, alternativamente, ligas de titânio com zircônio na forma de $TiZr_2$, a qual têm apresentado melhor desempenho nos sistemas práticos. Em ambos os casos, as ligas são preparadas a partir dos pós metálicos dos componentes que são misturados com agentes aglutinadores e aplicados sobre um substrato condutor, por exemplo níquel. A reação envolvida no interior da bateria pode ser representada por:

$$\text{Liga(H)} + OH^- \underset{\text{carga}}{\overset{\text{descarga}}{\Leftrightarrow}} \text{Liga} + H_2O + e^- \tag{4.17}$$

(eletrodo de hidreto)

ELETRÓLITO

O eletrólito empregado em ambos os tipos de baterias é constituído por uma solução de hidróxido de potássio misturado com pequenas quantidades de aditivos, cuja função é melhorar o desempenho dos eletrodos.

SEPARADORES

Conforme mencionado no caso das baterias primárias, os separadores têm a função de balancear e reter o eletrólito e também evitar que os reagentes dos dois eletrodos entrem em contato direto, provocando um efeito de auto-descarga. Os materiais empregados são usualmente formados por um tecido de fibras fundidas de poliamida ou polipropileno.

As reações de carga/descarga que ocorrem nestes sistemas são:

$$Cd + 2NiOOH + 2H_2O \underset{\text{carga}}{\overset{\text{descarga}}{\Leftrightarrow}} Cd(OH)_2 + 2Ni(OH)_2$$

(níquel-cádmio) (4.18)

$$Liga(H) + NiOOH \underset{\text{carga}}{\overset{\text{descarga}}{\Leftrightarrow}} Liga + Ni(OH)_2 \qquad (4.19)$$

(níquel-hidreto)

Vários problemas podem afetar o desempenho global destes sistemas recarregáveis. Um deles é o fenômeno de geração de gases que ocorre quando se aplica excesso de carga durante a recarga. Por exemplo, excesso de carga do eletrodo positivo leva à formação de oxigênio através da reação:

$$2OH^- \rightarrow 1/2O_2 + H_2O + 2e^- \qquad (4.20)$$

que pode lentamente se difundir através do eletrólito e do separador e descarregar o eletrodo negativo. Este tipo de problema ainda é assunto de pesquisa e desenvolvimento em ambas as baterias e tem sido resolvido através do aperfeiçoamento de recarregadores sensitivos ao excesso de carga, cujos sensores podem ser unidades independentes ou estar incluídos no desenho da própria bateria.

Pesquisa e desenvolvimento são também realizados para melhorar a vida útil da bateria e aumentar a densidade de energia acumulada por unidade de massa da bateria, em particular quando a bateria de níquel-hidreto é considerada.

4.4.2 Baterias Chumbo-Ácido

As baterias chumbo-ácido são as que encontram os mais variados tipos de aplicações: como fonte de energia em veículos elétricos, como fonte auxiliar de energia nos veículos movidos por motores a combustão, em diversos tipos de *no-break* (inclusive para centrais telefônicas, plantas hidroelétricas, hospitais etc.), em videofilmadoras portáteis etc. Assim, encontram unidades com os mais variados desenhos e capacidades. A Figura 4.7 apresenta um esquema da bateria empregada como sistema auxiliar em veículos que é talvez a aplicação mais conhecida. A geometria do sistema pode envolver o uso de eletrodos planares (como mostra a Figura 4.7) ou tubulares, fato que depende do tipo de aplicação prevista.

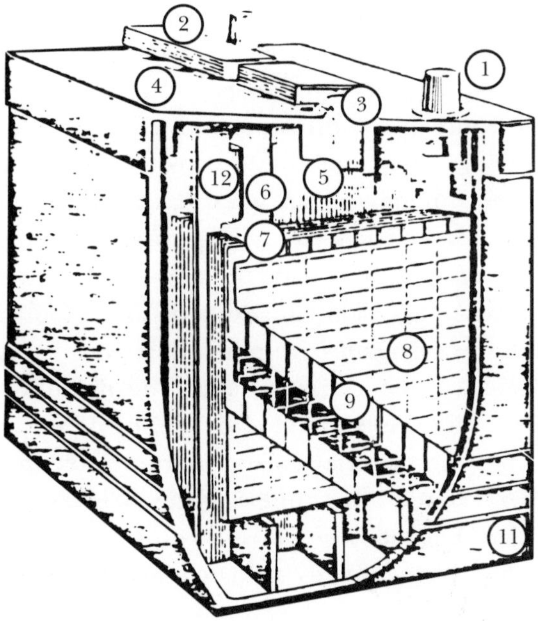

Figura 4.7 Desenho esquemático de uma bateria chumbo/ácido utilizada como sistema auxiliar em veículos de passeio: (1) Polo elétrico; (2) Tampa do orifício de ventilação; (3) Orifício de ventilação; (4) Tampa de recobrimento; (5) Nível do eletrólito; (6) Conector intercélulas; (7) Coletores de corrente da placa; (8) Placa negativa; (9) Separador; (10) Placa positiva; (11) Vaso recipiente; (12) Separador de célula.

Ambos os eletrodos deste sistema empregam o mesmo elemento metálico, ou seja, o chumbo, que é envolvido em reações diferentes no eletrodo positivo e no negativo. As características principais destes e dos outros componentes são:

a. Eletrodo de dióxido de chumbo
Corresponde ao eletrodo positivo da bateria. Sua geometria e modo de preparação dependem da aplicação prevista, porém, os desenhos mais comuns são os denominados eletrodos de Plante, Faure e tubular. Eletrodos de Plante são mais empregados em sistemas destinados para fins industriais (onde não se requer elevada densidade de energia) e são formados através da ciclagem eletroquímica de uma placa de chumbo metálico altamente rugosa em uma solução de ácido sulfúrico. O resultado é a formação de um depósito espesso de dióxido de chumbo, decorrente de um processo de corrosão do chumbo metálico. Os eletrodos de Faure são construídos através da aplicação de uma pasta de dióxido de chumbo sobre uma grade de chumbo metálico puro ou contendo uma pequena quantidade de outro metal (antimônio, cálcio, estrôncio), cuja presença garante maior estabilidade (maior tempo de vida ou de ciclagem) ao conjunto. O eletrodo tubular apresenta um desenho equivalente ao eletrodo de dióxido de manganês (cátodo), ilustrado na Figura 4.5. É fabricado através do empacotamento de dióxido de chumbo embebido com ácido sulfúrico no interior de um tubo poroso formado por um material fibroso inerte. No centro do tubo é colocado um cilindro de chumbo metálico, que serve como contato elétrico. Em todos os casos, a reação de carga e descarga envolvida no eletrodo de dióxido de chumbo é dada por:

$$PbO_2 + 4H^+ + SO_4^{2-} + 2e^- \underset{\text{carga}}{\overset{\text{descarga}}{\Leftrightarrow}} PbSO_4 + H_2O \qquad (4.21)$$

b. Eletrodo de chumbo
Corresponde ao eletrodo negativo da bateria. A formação deste envolve primeiramente a fabricação do eletrodo de dióxido de chumbo através dos métodos de Plante e Faure descritos acima. A formação do chumbo metálico é feita com a bateria já montada, através da aplicação de uma corrente catódica e a conseqüen-

te redução quantitativa do PbO_2 a Pb. A reação redox que ocorre no sistema em funcionamento é dada por:

$$Pb + SO_4^{2-} \underset{\text{carga}}{\overset{\text{descarga}}{\Leftrightarrow}} PbSO_4 + 2e^- \qquad (4.22)$$

c. Eletrólito e Separadores

Nestes sistemas, utiliza-se ácido sulfúrico em uma concentração próxima a 1 M como eletrólito. Em alguns tipos de sistema, o eletrólito é líquido e os compartimentos anódico e catódico são separados por uma folha porosa de resina fenólica. Em outros casos, o eletrólito é imobilizado através da formação de um gel ou através da incorporação em uma matriz de fibra de vidro.

Pesquisa e desenvolvimento ainda são extensivamente realizados para o aprimoramento das baterias chumbo-ácido. Alguns pontos estudados estão relacionados com o desenho de placas bipolares, os modos de prolongar a vida útil, a melhoria da densidade de energia, a reciclagem dos materiais de forma a evitar que um elemento como o chumbo polua ainda mais a atmosfera etc.

4.4.3 Baterias Recarregáveis de Zinco-Dióxido de Manganês

A configuração básica deste sistema é idêntica à das baterias alcalinas primárias que utilizam os mesmos materiais como reagentes. As reações principais que ocorrem nos eletrodos podem ser esquematizadas como:

Eletrodo positivo: A reação neste eletrodo é dada por:

$$MnO_2 + H_2O + e^- \underset{\text{carga}}{\overset{\text{descarga}}{\Leftrightarrow}} MnOOH + OH^- \qquad (4.23)$$

Eletrodo negativo: No início da descarga, a reação é dada por:

$$Zn + 4OH^- \underset{\text{carga}}{\overset{\text{descarga}}{\Leftrightarrow}} Zn(OH)_4^{2-} + 2e^- \qquad (4.24)$$

Entretanto, durante o processo de descarga, a solução de KOH vai se tornando saturada de $Zn(OH)_4^{2-}$ e assim a reação no eletrodo de zinco toma a rota:

$$Zn + 2OH^- \underset{\text{carga}}{\overset{\text{descarga}}{\Leftrightarrow}} Zn(OH)_2 + 2e^- \ . \qquad (4.25)$$

Reação total: A reação líquida total é reversível e é escrita como:

$$2MnO_2 + Zn + 2H_2O \underset{\text{carga}}{\overset{\text{descarga}}{\Leftrightarrow}} 2MnOOH + Zn(OH)_2 \ . \qquad (4.26)$$

Verifica-se que uma diferença fundamental entre as baterias primárias e secundárias de zinco-dióxido de manganês está relacionada com a extensão em que se processa a descarga do eletrodo de MnO_2. Se a reação de descarga é continuada além de 1 equivalente/mol de MnO_2, a reação total torna-se irreversível, seguindo a que ocorre nas células primárias, ou seja,

$$3MnO_2 + 2Zn \Rightarrow Mn_3O_4 + 2ZnO \ . \qquad (4.27)$$

Para evitar este problema nos sistemas práticos são colocadas quantidades limitadas de zinco de forma que durante o processo de descarga este reagente se esgote, completando somente a etapa dada pela reação reversível. Outro problema que ocorre neste sistema é que o MnOOH e o MnO_2 formam um complexo insolúvel, diminuindo o desempenho durante a descarga.

4.4.4 Outros Tipos de Células Secundárias

Existe uma enorme gama de baterias secundárias que têm sido desenvolvidas nos últimos 30 anos. Como exemplos ilustrativos podem ser citadas as baterias de lítio, de sódio-enxofre, zinco-prata, zinco-halogênio etc. Dentre estes sistemas, o maior destaque é dado às baterias de lítio, pela vantagem de apresentar um elevado potencial de célula, que em alguns casos pode chegar a 3,5 V.

Atualmente, destacam-se as chamadas *rocking chair* ou baterias de íon-lítio. Neste exemplo, o eletrodo negativo corresponde a uma matriz formada preponderantemente por carbono que tem a propriedade de receber e acumular íons lítio de acordo com a reação:

$$C_{60} + (x)Li^{+} + (x)e^{-} \underset{\text{descarga}}{\overset{\text{carga}}{\Leftrightarrow}} Li_xC_{60} \quad , \tag{4.28}$$

onde C_{60} representa o carbono do eletrodo que possui uma estrutura especial chamada de fulereno. Por sua vez, o eletrodo positivo, durante a descarga, produz íons lítio, sendo que as composições mais estudadas têm a forma $LiNiO_2$ ou $LiCoO_2$ ou ainda $LiMn_2O_4$ com estrutura tipo espinel. A reação pode ser descrita como:

$$LiMO_2 \underset{\text{descarga}}{\overset{\text{carga}}{\Leftrightarrow}} (x)Li^{+} + Li_{(1-x)}MO_2 \tag{4.29}$$

e portanto a reação global tem a forma:

$$C_{60} + LiMO_2 \underset{\text{descarga}}{\overset{\text{carga}}{\Leftrightarrow}} Li_xC_{60} + Li_{(1-x)}MO_2 \tag{4.30}$$

A Figura 4.8 apresenta um desenho esquemático desta bateria. Na prática, o sistema tem configuração semelhante ao das baterias primárias ilustradas nas Figuras 4.4 e 4.5. A aplicação maior que tem sido dada a este sistema, atualmente, são as câmeras de vídeo-cassete, telefones celulares, computadores *lap-top* etc.

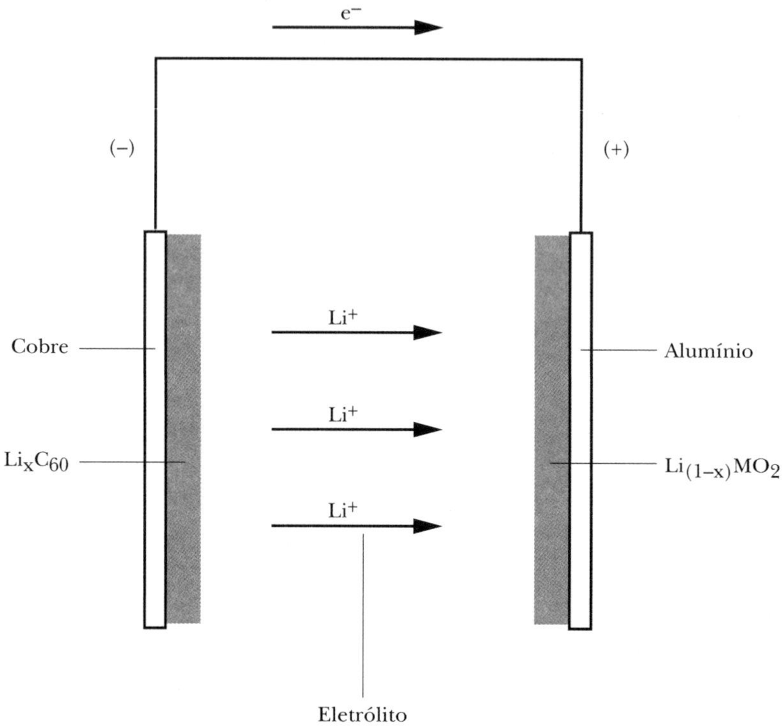

Figura 4.8 Esquema dos processos eletroquímicos que ocorrem durante a descarga de uma bateria secundária de íon lítio.

5

PROCESSOS ELETROQUÍMICOS INDUSTRIAIS

5.1 INTRODUÇÃO

No capítulo anterior foram agrupados os processos e sistemas eletroquímicos utilizados na síntese de produtos de interesse industrial e em outros sistemas de interesse aplicado. Existe uma grande diversidade de processos industriais que são realizados através de metodologia eletroquímica. Os exemplos mais importantes são a eletrólise da água para produção de hidrogênio, a da salmora para produção de cloro/soda, a da acrilonitrila para produção de adiponitrila (um intermediário na produção do Nylon 66) etc.

Em muitas situações, na maioria das vezes por razões econômicas, algumas rotas químicas são preferidas em relação a rotas eletroquímicas. Talvez em um futuro próximo, a situação pode inverter-se, especialmente nos casos em que a preservação do meio ambiente torna-se um fator de preocupação. Devido à importância que os sistemas relacionados com o hidrogênio deverão ter futuramente, este capítulo destacará a descrição dos eletrolisadores de água através do qual os princípios básicos dos processos eletroquímicos industriais serão discutidos.

Desde o início da civilização até o final do século XIX a humanidade supria suas necessidades energéticas a partir de fontes renováveis (lenha, vento etc.). Desde então, com o crescimento da população mundial, as fontes renováveis tornaram-se insuficientes e o mundo entrou na era dos combustíveis fósseis — inicialmente com carvão e depois com os combustíveis derivados do petróleo.

Estamos agora prestes a entrar em um período de transição que será caracterizado pela substituição progressiva das fontes de energia fósseis por fontes não-convencionais entre as quais destacam-se a energia solar, eólica, da biomassa, geotérmica etc. e de vetores energéticos como o hidrogênio. A previsão é que entraremos na era hidrogênio-eletricidade, caracterizada pela utilização eficiente de outras formas de combustível ou energia que serão transformadas em hidrogênio.

Historicamente, os sistemas energéticos têm sido sempre substituídos por sistemas superiores e não por sistemas mais baratos. Não há dúvida de que o hidrogênio possui muitas propriedades superiores em relação a de outros combustíveis:

a. Impacto benéfico sobre o meio ambiente, pois a combustão de hidrogênio resulta em água como produto final.
b. Pequena massa que leva a uma grande densidade de energia por unidade de massa, superior a de qualquer outro combustível.
c. Disponibilidade energética, isto é, a fração teórica máxima de energia que está disponível para produção de trabalho útil, também superior a qualquer combustível.

Mesmo que a introdução de sistemas movidos a hidrogênio se atrase indefinidamente, não há dúvida de que haverá sempre uma crescente demanda industrial, mesmo que utilize apenas 2% do potencial energético. Atualmente, quase todo esse hidrogênio é derivado da reforma de combustíveis fósseis. Poderia ser igualmente derivado da eletrólise da água e, portanto, a partir de outras fontes de energia, como por exemplo hidráulica, eólica, solar etc. Tecnologias para produção eletrolítica de hidrogênio em larga escala estão sendo empregadas em vários países do mundo, inclusive no Brasil.

O hidrogênio apresenta um amplo espectro de aplicações que pode ser resumido em dois tópicos:

a. Como matéria-prima indutrial
   Para uso em indústria química na produção de amônia, síntese de metanol etc. Para a produção de outros combustíveis em processos de hidrocraqueamento, refinamento e liquefação do carvão e refino do petróleo. Para a indústria do ferro/aço, em processos de redução.
b. Como vetor energético
   No transporte de energia elétrica de estações remotas para centros de consumo. Para armazenamento de energia elétrica, quando o gás é gerado fora das horas de pico de consumo. Nos veículos automotores em substituição aos combustíveis convencionalmente utilizados. Nestes dois últimos casos as máquinas térmicas e as células a combustível aparecem com destaque.

5.2 ELETRÓLISE DA ÁGUA PARA PRODUÇÃO DE HIDROGÊNIO

A tecnologia de eletrólise da água para produção comercial de hidrogênio tem sido usada por mais de oito décadas. Entre 1920 e 1930, um grande número de usinas de 100 MW foram construídas no Canadá, Noruega e outros países, principalmente para a produção de amônia usando hidroeletricidade. Por volta da Segunda Guerra Mundial, os desenvolvimentos praticamente pararam em decorrência da disponibilidade maciça de hidrocarbonetos de baixo custo permitindo uma alternativa à produção de H_2 por eletrólise que é a reforma catalítica. Somente a partir da década de 70, o interesse reapareceu como decorrência da crise do petróleo e da crescente preocupação com a preservação do meio ambiente. Intensos programas de pesquisa e desenvolvimento têm sido conduzidos em vários países como Canadá, Estados Unidos, Japão, França, Bélgica e outros da Comunidade Econômica Européia.

Os eletrolisadores de água têm sido tradicionalmente classificados em unipolares e bipolares, conforme ilustram os diagramas das Figuras 5.1 e 5.2. Na configuração unipolar (Figura 5.1), tipo tanque, cada eletrodo tem a mesma polaridade em ambas as superfícies e executa um único processo eletródico: a reação de desprendimento de hidrogênio no cátodo (RDH) ou a reação de desprendimento de oxigênio no ânodo (RDO). Uma célula contém determinado número de eletrodos, sendo que os de mesma polaridade são conectados em paralelo. O resultado é que a voltagem total da célula corresponde à voltagem do par cátodo/ânodo que, experimentalmente, varia de 1,7 a 2,2 V, e cujo valor exato depende da densidade de corrente operacional e de vários outros fatores relacionados à engenharia e à eletroquímica do sistema. O isolamento elétrico interno torna-se relativamente simples devido à baixa voltagem, e a corrente pode ser aumentada progressivamente na medida em que se aumenta o número de células no interior do mesmo tanque. Um número

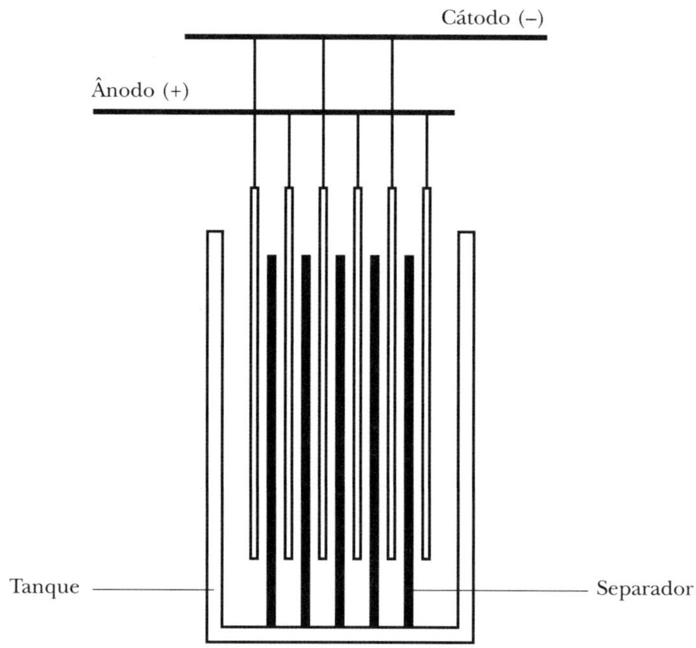

Figura 5.1 Arranjo geral dos eletrodos em um eletrolisador tipo tanque.

suficiente de células são conectadas em série para que a planta total forneça a quantidade planejada de hidrogênio.

Os eletrolisadores de configuração bipolar (Figura 5.2) consistem em um arranjo compacto de muitos eletrodos que, de um lado funcionam como cátodos (geração de hidrogênio) e de outro como ânodos (geração de oxigênio). Cada eletrodo é isolado eletricamente de seu vizinho, e um par sucessivo juntamente com um diafragma de separação formam um célula unitária. O fluxo de corrente elétrica é aplicado atravessando todo o empacotamento que contém de 30 a centenas de células unitárias operando entre 1,7 e 2,2 V por célula. Assim, a voltagem final pode variar de 30 a 600 V DC, dependendo da capacidade de produção de hidrogênio.

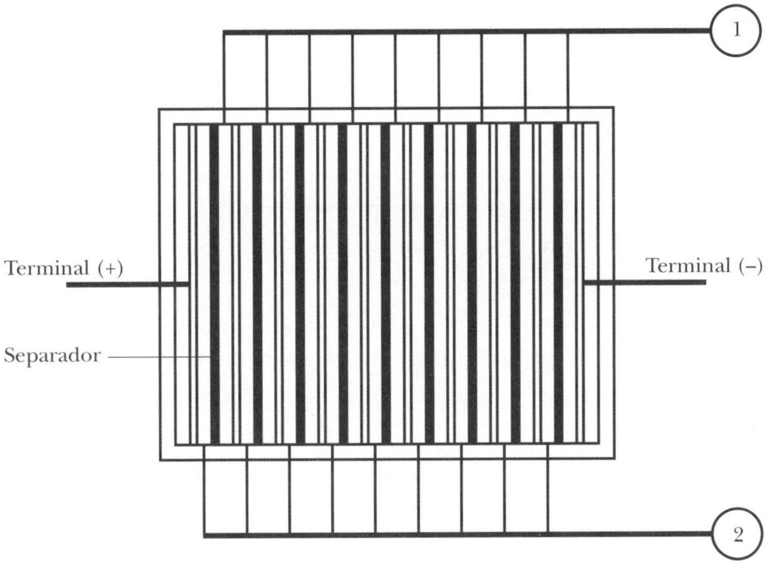

Figura 5.2 Arranjo geral de um eletrolisador do tipo filtro-prensa: (1) tubos coletores de oxigênio; (2) tubos coletores de hidrogênio.

Uma diferença marcante entre os dois sistemas é a conexão elétrica em série da unidade bipolar. Estas células devem ser seladas para evitar vazamentos de eletrólito e também isoladas para evitar curto-circuito eletrônico, resultante de variações de temperatura e conseqüente dilatação térmica dos componentes. Estes requisitos implicam no uso de tecnologia de alta precisão na fabricação do equipamento bipolar. Nas unidades unipolares, os problemas são minimizados devido principalmente à baixa voltagem de operação.

Outra diferença importante relaciona-se à fuga de corrente através do eletrólito que se pode verificar na configuração bipolar. Para evitar o problema são utilizados tubos bastante finos para circular o eletrólito através das diversas células; conseqüentemente, há necessidade do uso de bombas mais avançadas. A alta voltagem de operação também promove processos de corrosão, o que indica a necessidade do uso de materiais mais especializados.

Do ponto de vista operacional não há diferenças marcantes de consumo energético que favoreça uma ou outra configuração. Em ambos os casos a variação é de 4,3 a 4,6 kWh/Nm^3 de H_2 nas condições normais de temperatura e pressão.

A economia da produção industrial de hidrogênio, como a de qualquer outro processo industrial, é governada por dois fatores: o de operação e o de capital, incluindo as despesas de manutenção. No primeiro está incluído o consumo de energia elétrica que se relaciona à voltagem de operação e é influenciado pelas políticas tarifárias. O segundo fator engloba os custos do eletrolisador e dos sistemas periféricos de controle da unidade.

A voltagem de célula de um eletrolisador em funcionamento é a soma do potencial reversível da dupla H_2/O_2 com duas outras contribuições: os sobrepotenciais dos eletrodos e o sobrepotencial de queda ôhmica. A Figura 5.3 ilustra estes componentes e suas dependências com a densidade de corrente.

Conforme foi amplamente discutido nos capítulos anteriores, o sobrepotencial de queda ôhmica resulta da existência de resistências elétricas no interior das células. Um eletrolisador de grande porte deve operar a densidade de corrente elevada para amortizar o custo de capital em um tempo razoável. Como mostra a Figura 5.3, nessas condições a voltagem da célula pode ser bastante aumentada pelo aparecimento dos componentes de queda ôhmica. Portanto, o desenvolvimento de eletrodos com geometria adequada e o de separadores dos gases com baixa resistividade são necessários para manter a queda ôhmica dentro de níveis aceitáveis. Por outro lado, como o gás gerado ocupa parte do volume do compartimento eletrolítico, e sendo isolante elétrico, as distâncias entre os eletrodos devem ser otimizadas para garantir o escoamento fácil e evitar o acúmulo de gases no interior do sistema.

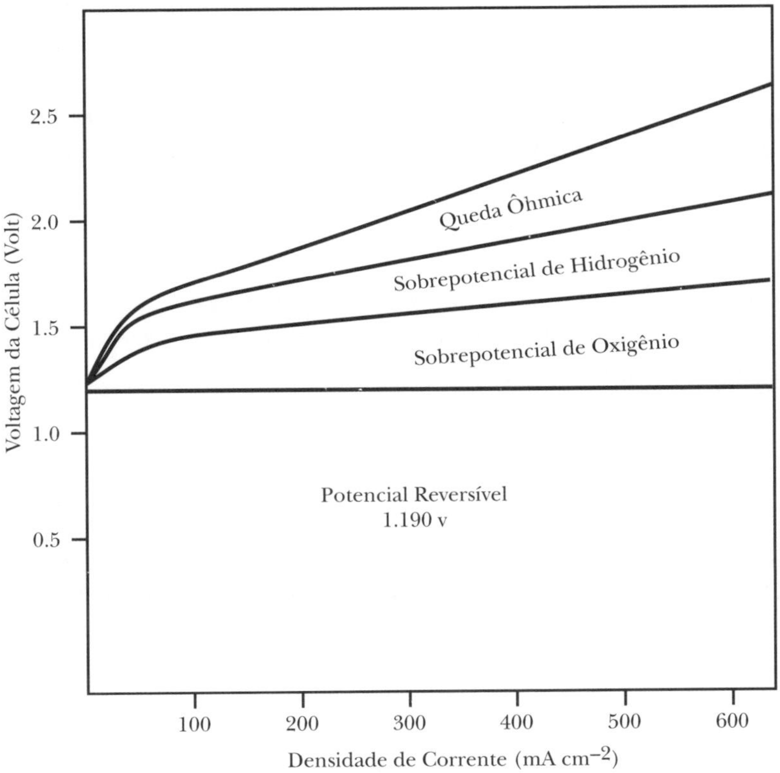

Figura 5.3 Curva voltagem-corrente de um eletrolisador. A energia elétrica consumida por célula e por cm^2 de eletrodo pode ser calculada pelo produto $V \times i$.

Particularmente crítica é a escolha dos separadores para operação em altas temperaturas (acima de 80º C). Nos eletrolisadores tipo tanque, o asbesto é o material tradicionalmente utilizado. Entretanto, várias membranas orgânicas e inorgânicas têm sido desenvolvidas para substituir este material que também apresenta problemas de toxicidade. A mais promissora é composta por ácido de poliantimônio e titanato de potássio, enquanto que um diafragma metálico recoberto de óxidos estabilizados por silicatos apresenta alguma perspectiva de aplicação prática.

De acordo com o que já foi discutido nos capítulos anteriores, os sobrepotenciais dos eletrodos refletem uma limitação imposta, pois as velocidades das reações eletródicas são finitas. Assim, tanto a reação de desprendimento de hidrogênio quanto a de desprendimento de oxigênio devem ser catalisadas pela superfície dos eletrodos, com o intuito de minimizar estes sobrepotenciais. Nos eletrolisadores unipolares tipo tanque, o aço doce e o aço niquelado formam os pares cátodo/ânodo tradicionais e os sobrepotenciais das reações eletródicas são da ordem de 350 mV sob as condições típicas de operação, o que representa um acréscimo de cerca de 35% no consumo energético. Portanto, muitos esforços ainda deverão ser dirigidos para o desenvolvimento de materiais com maior atividade eletrocatalítica.

Em meio alcalino, o desprendimento catódico de hidrogênio pode ser descrito pela reação:

$$2\,H_2O + 2\,e^- \Leftrightarrow H_2 + 2\,OH^- \tag{5.1}$$

Esta reação pode ser desmembrada em um mecanismo formado por uma etapa inicial denominada de reação de descarga ou reação de Volmer, na qual as moléculas de água são descarregadas sobre sítios livres da superfície eletródica, formando átomos de hidrogênio adsorvidos:

$$H_2O + M + e^- \Leftrightarrow MH + OH^- \quad , \tag{5.2}$$

onde M representa o material eletródico. Após esta etapa de descarga, duas etapas de dessorção são possíveis dependendo do material do eletrodo. Em alguns casos ocorre uma etapa eletroquímica conhecida como reação átomo-íon ou reação de Heyrovsky, na qual moléculas de água são descarregadas sobre os átomos de hidrogênio adsorvidos:

$$MH + H_2O + e^- \Leftrightarrow M + H_2 + OH^- \tag{5.3}$$

Em outros materiais ocorre a dessorção química do hidrogênio atômico formado na reação 5.2 denominada de reação de recombinação ou reação de Tafel:

$$MH + MH \Leftrightarrow 2\,M + H_2 \quad . \tag{5.4}$$

Já a reação de desprendimento de oxigênio em meio alcalino ocorre segundo a reação total:

$$4\,OH^- \Leftrightarrow O_2 + 2\,H_2O + 4\,e^- \quad . \tag{5.5}$$

Para esta reação, existem cerca de 15 mecanismos propostos, cada um válido para um determinado material e sob determinadas condições experimentais. Somente para ilustrar as possibilidades, apresentam-se quatro deles mais comuns para o meio alcalino:

$$\begin{aligned} &2\,OH^- + 2\,M \Leftrightarrow 2\,MOH + 2\,e^- \\ &2\,MOH + 2\,OH^- \Leftrightarrow 2\,MO^- + 2\,H_2O \\ &2\,MO^- \Leftrightarrow 2\,MO + 2e^- \\ &2\,MO \Leftrightarrow 2\,M + O_2 \end{aligned} \tag{5.6}$$

$$\begin{aligned} &4\,OH^- + 4\,M \Leftrightarrow 4\,MOH + 4e^- \\ &4\,MOH \Leftrightarrow 2\,MO + 2\,M + 2\,H_2O \\ &2\,MO \Leftrightarrow 2\,M + O_2 \end{aligned} \tag{5.7}$$

$$\begin{aligned} &2\,OH^- + 2\,M \Leftrightarrow 2\,MOH + 2\,e^- \\ &2\,MOH + 2\,OH^- \Leftrightarrow 2\,MH_2\,O_2^- \\ &2\,MH_2O_2^- \Leftrightarrow M + MO_2^{2-} + 2\,H_2O \\ &MO_2^{2-} \Leftrightarrow M + O_2 + 2\,e^- \end{aligned} \tag{5.8}$$

$$\begin{aligned} &2\,OH^- + 2\,M \Leftrightarrow 2\,MOH + 2\,e^- \\ &2\,MOH + 2\,OH^- \Leftrightarrow 2\,MO + 2\,H_2O + 2\,e^- \\ &2\,MO \Leftrightarrow 2\,M + O_2 \end{aligned} \tag{5.9}$$

5.3 PRODUÇÃO DE CLORO E SODA CÁUSTICA

O cloro gasoso e o hidróxido de sódio são produtos químicos largamente utilizados em diversos processos industriais. Por exemplo, o cloro é usado na fabricação de plásticos [entre os quais o PVC — poli (cloreto de vinila)], na produção de diversos tipos de solventes e produtos químicos, na indústria de polpa e papel, em estações de tratamento de água etc. Já o hidróxido de sódio é empregado na produção de outros produtos químicos, na indústria de polpa e de papel, na indústria de petróleo, sabão, têxteis, alumínio etc.

O processo industrial mais importante utilizado na produção destas matérias-primas é a eletrólise da salmora, uma solução aquosa formada basicamente por cloreto de sódio e cloreto de potássio. No ano de 1994, as indústrias de cloro/soda instaladas nos EUA produziram 12,6 milhões de toneladas de cloro e 13,3 milhões de toneladas de soda cáustica (NaOH).

A reação total do eletrolisador de cloro/soda convencional é dada por:

$$2\ NaCl + 2\ H_2O \Leftrightarrow 2\ NaOH + Cl_2 + H_2 \quad , \qquad (5.10)$$

cujo potencial padrão é 2,15 V (*versus* eletrodo-padrão de hidrogênio). Caso se utilize um eletrodo de difusão de gás alimentado com o oxigênio do ar, semelhante ao que foi apresentado no capítulo 4, a reação será:

$$2\ NaCl + 1/2\, O_2 + H_2O \Leftrightarrow 2\ NaOH + Cl_2 \quad , \qquad (5.11)$$

que apresenta um potencial padrão de 0,95 V. Se somente os potenciais-padrão forem considerados, a utilização do eletrodo de ar seria vantajosa do ponto de vista de consumo energético. Entretanto, outros fatores relacionados com os sobrepotenciais eletródicos devem ser considerados antes que esta conclusão possa ser validada.

Existem três tipos básicos de células que podem compor os eletrolisadores de cloro/soda:

a. A célula de membrana, onde se utiliza uma membrana ionomérica carboxilada permeável ao íon sódio como separador dos compartimentos catódico e anódico.
b. A célula de diafragma que emprega um separador de asbestos no lugar da membrana mencionada no caso anterior.
c. A célula de mercúrio onde os compartimentos não são separados; o produto da reação catódica é o sódio metálico que se amalgama com o mercúrio do cátodo do eletrolisador e assim não se mistura com o cloro dissolvido no eletrólito.

A reação anódica é a mesma nos vários tipos de células e pode ser escrita como:

$$2\ NaCl \Leftrightarrow 2\ Na^{+} + Cl_2 + 2e^{-} \tag{5.12}$$

Já a reação catódica depende tanto do tipo de célula quanto da natureza do cátodo empregado. Nas células de diafragma e de membrana com cátodos convencionais a reação é:

$$2\ H_2O + 2\ e^{-} \Leftrightarrow 2\ OH^{-} + H_2\quad , \tag{5.13}$$

enquanto que com cátodos de oxigênio formados por eletrodos de difusão de gás a reação é:

$$1/2\ O_2 + H_2O + 2\ e^{-} \Leftrightarrow 2\ OH^{-} \tag{5.14}$$

Finalmente, na célula de mercúrio a reação catódica leva à formação de um amálgama de mercúrio e sódio:

$$Hg + 2\ NaCl + 2\ e^{-} \Leftrightarrow 2\ Cl^{-} + Na(Hg) \tag{5.15}$$

que depois de removido do eletrolisador é hidrolisado para formar o hidróxido de sódio, tendo hidrogênio gasoso como subproduto:

$$2\ Na(Hg) + 2\ H_2O \Leftrightarrow 2\ NaOH + H_2 + Hg \tag{5.16}$$

A partir da década de 80, os eletrolisadores com células de mercúrio passaram a ser substituídos pelas outras tecnologias, devido à toxicidade do metal. Em 1994, apenas 3% das indústrias do mundo todo operavam com esta tecnologia; neste mesmo ano, cerca de 80% das usinas instaladas na América do Norte funcionavam com células de diafragma, enquanto cerca de 70% das usinas localizadas na Ásia operavam com a tecnologia da células de membranas que é a mais moderna. Estes números deverão mudar ao longo do tempo, pois a tendência mundial é adotar a célula de membrana em substituição às demais tecnologias, na medida em que o tempo de vida útil dos sistemas já instalados for esgotando.

Na Figura 5.4 é apresentado um desenho esquemático que ilustra a configuração industrial da célula de membrana. Em linhas gerais, as características dos componentes serão descritas a seguir.

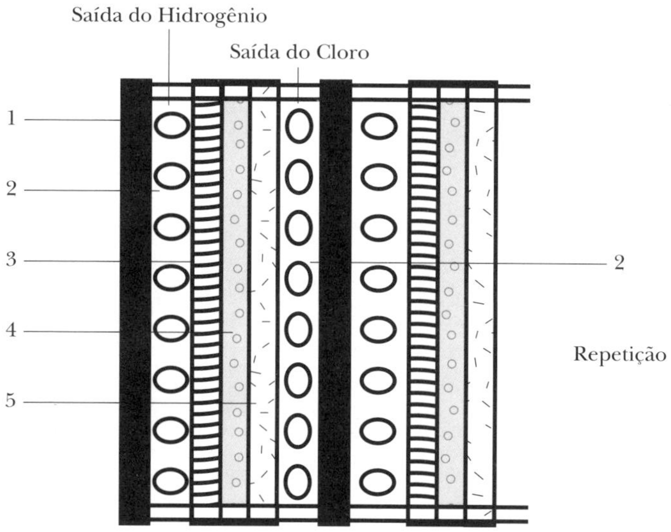

Estrutura da membrana: $(CF_2 - CF_2-)_v - CF - CF_2-)$

$$\begin{array}{l} (CF_2 - CF_2-)_v - \underset{|}{C}F - CF_2-) \\ \quad (OCF_2 - \underset{\substack{| \\ CF_3}}{C}F)_y - O(CF_2)_z - SO_3^- \end{array}$$

Figura 5.4 Esquema da configuração de uma célula industrial de membrana empregada na produção eletrolítica de cloro/soda. (1) conector das células; (2) metal expandido; (3) cátodo; (4) membrana; (5) ânodo. Abaixo: estrutura química típica da membrana sulfônica: v = 5-15; x = 700-1 000; y = 1-3 e z = 1-4. Na membrana carboxílica, o grupo sulfônico é substituído por um carboxílico.

CÉLULA ELETROLÍTICA

A célula de membrana é muito semelhante à célula de diafragma e usualmente apresenta uma configuração do tipo filtroprensa, conforme apresenta a Figura 5.4. A estrutura pode ser tanto do tipo bipolar quanto monopolar e os eletrodos são montados sobre substratos de metal expandido (ferro ou titânio para o cátodo e o ânodo, respectivamente) para facilitar o escoamento dos gases produzidos. Este ocorre por trás do eletrodo, de maneira conceitualmente similar aos eletrodos de difusão de gás, porém com direção de fluxo contrária. O compartimento anódico é alimentado com salmora e o catódico com uma solução diluída de hidróxido de sódio. Estes compartimentos são separados por uma membrana seletiva a cátions, ou seja, que permite a passagem dos cátions e impede a passagem dos ânions.

ELETRODOS

O material catódico utilizado na célula de membrana (reação 5.13) é formado por uma camada de níquel de alta área superficial, produzido por sinterização do pó metálico ou por um depósito rugoso de um metal nobre sobre um substrato de níquel expandido. Em alguns casos, eletrodos a base de ferro também têm sido empregados. O sobrepotencial da reação de desprendimento de hidrogênio pode atingir um valor inferior a 0,05 V nas condições operacionais empregadas no sistema prático. O material anódico é conhecido como ânodo dimensionalmente estável (ADE), tendo sido desenvolvido na década de 60 para substituir uma liga formada por platina e titânio, de alto custo e não totalmente estável em eletrólitos contendo cloreto ou, ainda, o carbono que era utilizado em muitos sistemas. Os ADEs consistem de um substrato de titânio expandido sobre o qual são depositados compósitos altamente ativos de dióxido de rutênio misturado com pequenas quantidades de um óxido de metal nobre ou de outro metal de transição. Tipicamente, o eletrodo é formado pelo borrifamento de uma solução alcoólica (isopropanol) dos correspondentes cloretos sobre a superfície do titânio, seguido por aquecimento em ar para a formação dos óxidos. O sobrepotencial da reação de desprendimento de cloro nestes materiais é da ordem de 0,05 V, nas condições operacionais do eletrolisador.

MEMBRANA

A membrana é usada no eletrolisador para a separação das soluções dos compartimentos catódico e anódico que apresentam composições diferentes e também para evitar a mistura dos produtos da eletrólise. Nas células de diafragma, este papel é cumprido por um separador de asbestos que é muito menos eficiente. As membranas atualmente empregadas são formadas por duas camadas justapostas de polímero perfluorado contendo grupos ácidos (Figura 5.4), que de um lado são ácidos carboxílicos (em contato com o eletrólito do compartimento catódico) e de outro ácidos sulfônicos (em contato com o eletrólito do compartimento anódico). A condutividade se dá por transporte de íons sódio que atravessam a membrana, migrando do compartimento anódico para o catódico.

5.4 PROCESSOS ENVOLVENDO ELEMENTOS METÁLICOS

A redução de íons metálicos tem sido explorada em diversos processos eletroquímicos práticos relacionados com a produção industrial de metais e com o tratamento de superfícies. Os casos mais importantes são a extração de elementos metálicos a partir de seus minérios naturais, a purificação deles após a redissolução e a decoração ou a proteção de peças metálicas quanto à corrosão, por recobrimento com elementos mais nobres. A reação pode ser simbolizada por:

$$M^{z+} + ze^{-} \rightarrow M \tag{5.17}$$

e pode-se verificar em meio aquoso, meio não-aquoso ou em sais fundidos. Na extração de metais, em muitos casos, esta reação é promovida por meio de um agente redutor químico como por exemplo o hidrogênio e o carbono. Porém, quase sempre o método eletroquímico também pode ser utilizado. A escolha é feita considerando os requerimentos de pureza do material produzido, já que o método eletroquímico, embora usualmente mais caro, produz elementos com maior pureza. A seguir será feito um breve resumo das tecnologias mais importantes dos processos eletroquímicos industriais nesta área.

5.4.1 Eletrodeposição de Metais

A deposição de metais pode ser feita por mergulho em metal fundido (*hot dipping*), condensação de vapor metálico, vaporização metálica (*metal spraying*) e eletrodeposição. Destas coberturas, interessam particularmente as obtidas por eletrodeposição, também chamadas *revestimentos galvânicos*.

A eletrodeposição é o método mais importante para a produção comercial de películas protetoras. As coberturas por eletrodeposição são de espessuras mais uniformes do que as obtidas por *hot dipping*, menos porosas do que as vaporizadas, e de maior pureza. O método permite facilmente o controle da espessura da camada depositada.

Os princípios fundamentais do processo são bem conhecidos. Na operação de eletrodeposição, a peça a ser tratada é considerada o cátodo de uma célula eletrolítica que contém uma solução conhecida como *banho de deposição*. Esta possui íons do metal que se deseja depositar. Na Figura 5.5, apresenta-se um esquema de uma célula utilizada em laboratório.

O ânodo desta célula é, geralmente, do mesmo metal a ser depositado, mas pode ser também de algum material altamente condutor (como grafite), insolúvel no banho nas condições atuantes. A operação de deposição é efetuada pela passagem de uma corrente através da célula, onde a fonte da força eletromotriz poderá ser uma bateria ou um gerador de corrente contínua ou de corrente alternada retificada.

Devido a diferença de potencial, íons metálicos entram na solução por dissolução do ânodo e, assim como os íons metálicos do eletrólito em solução, movem-se na direção do cátodo, sobre o qual são depositados em estado metálico.

No caso do ânodo ser do tipo insolúvel, a reação eletroquímica neste eletrodo consistirá na descarga de íons negativos (oxidação) e, usualmente em meio aquoso, em desprendimento de oxigênio. Neste caso, o conteúdo em íon metálico do banho deve ser mantido por adições periódicas do metal sob a forma de óxido ou hidróxido que, ao mesmo tempo, neutraliza a acidez crescente que acompanha a eletrólise sob tais circunstâncias.

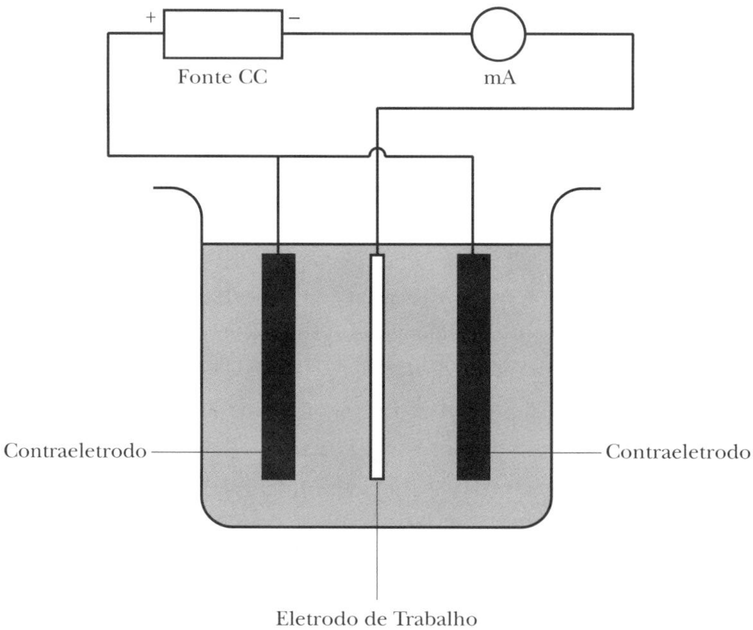

Figura 5.5 Esquema de uma célula de laboratório utilizada em processos de eletrodeposição de metais.

De acordo com a lei de Faraday para a eletrólise, a quantidade de todos os elementos liberados no cátodo ou no ânodo durante a eletrólise é proporcional à quantidade de eletricidade que passa através da solução. Desde que no cátodo íons hidrogênio sejam descarregados ao mesmo tempo que os íons metálicos, a eficiência do processo pode ser, e geralmente é, menor que 100%. De qualquer modo, sob quaisquer condições, a espessura do depósito é proporcional ao tempo de deposição.

A operação satisfatória de um banho de deposição requer o controle de, no mínimo, três variáveis, a saber: composição química do banho, temperatura do banho e densidade da corrente catódica. Estas variáveis exercem influência direta sobre o caráter do depósito e estão relacionadas entre si de tal forma que se uma delas for alterada dever-se-á alterar as outras.

Os banhos de recobrimento geralmente são constituídos de:

a. Sal ou ácido contendo o íon ou radical metálico desejado.
b. Sal adicional cuja função é aumentar a condutividade do banho.
c. Substância aceleradora da corrosão do processo anódico para evitar a sua passivação e bloqueio.
d. Aditivo destinado a produzir depósitos com determinadas características cristalinas.
e. Substância tampão, cuja finalidade é manter o pH dentro de certos limites.

Os banhos costumam ser classificados, de acordo com a composição, em vários tipos como: banhos de sulfato, cloreto, cianeto, fosfato, perclorato etc. Além disso, é freqüente designar os banhos, conforme o pH, em banhos ácidos, neutros ou alcalinos.

A preparação da superfície dos artigos sobre os quais se deseja efetuar eletrodeposição é extremamente importante para a obtenção de coberturas aderentes, compactas e homogêneas. Inicialmente é fundamental para o êxito da deposição que a peça esteja perfeitamente limpa.

Substâncias orgânicas e sujeiras comuns podem ser removidas por solventes orgânicos (geralmente derivados de petróleo, hidrocarbonetos aromáticos e hidrocarbonetos clorados), detergentes e soluções alcalinas (soluções aquosas de NaOH ou sais de sódio de ácidos fracos). Depois dessa limpeza resta ainda sobre a superfície uma camada de óxidos metálicos. Sua remoção pode ser feita por abrasão mecânica (jatos de areia, abrasivos, escova de aço) ou por decapagem química com soluções ácidas.

Depois de completamente limpo, o objeto deverá ser polido levemente, de modo a tornar a superfície lisa e uniforme. As três operações (limpeza, decapagem e polimento) podem também ser feitas eletroliticamente, de uma maneira muito mais rápida e perfeita. Devem ser mencionadas ainda, as operações posteriores à deposição: lavagem, secagem, seguidas de um polimento adequado com abrasivos leves, como trípoli (SiO_2), rouge (Fe_2O_3), pedra-pomes etc.

RECOBRIMENTO DE ZINCO — ELETROGALVANIZAÇÃO

Revestimentos de zinco são muito importantes na proteção do ferro e aço. O termo *galvanizado* referente ao ferro recoberto por zinco originou-se do conceito de proteção galvânica (eletroquímica) contra corrosão conferida pelo zinco. Comercialmente, os recobrimentos de zinco são os mais econômicos e eficientes na proteção do ferro. Tal eficiência deve-se à:

a. Elevada resistência à corrosão atmosférica.
b. Proteção galvânica das áreas expostas por falhas ou danos na película.
c. Inibição da corrosão pela presença de produtos da corrosão do zinco.

Na indústria moderna, os métodos predominantes de aplicação de zinco são *hot dipping* e *eletrodeposição*. A eletrodeposição apresenta vantagens, especialmente quanto à facilidade de controle da espessura da película depositada; além disso, é bastante econômica. O zinco eletrodepositado é relativamente puro e dúctil, promove uma cobertura de espessura em geral bastante uniforme e, se aplicado por meio de técnica especial, forma depósitos brilhantes prestando-se a finalidades decorativas.

Os banhos de deposição podem ser de dois tipos: banhos ácidos e banhos alcalinos de cianeto. Estes são preferencialmente usados nos casos em que o objeto a ser recoberto apresenta forma irregular. Aqueles são muito usados para recobrimento de lâminas e fios. Comumente são de sulfatos, cloretos ou sulfato-cloreto. As características cristalinas do depósito variam dentro de limites amplos, dependendo das condições de operação e da natureza do banho.

Os banhos ácidos normalmente produzem depósitos de granulação grosseira apresentando coloração cinza ou branca. Visando obter estrutura mais fina, utilizam-se aditivos como: glicerina, fenóis, glicose, gelatina etc. Os banhos alcalinos à base de cianeto permitem obter grande variedade de depósitos. Os banhos simples produzem depósitos opacos; os com adições de pequenas quantidades de mercúrio produzem uma tonalidade esbranquiçada, enquanto os com certos aditivos orgânicos são usados para produzir depósitos brilhantes, especulares. A capacidade protetora destes três tipos é praticamente a mesma, contudo os depósitos brilhantes são menos sujeitos à oxidação.

A formação de depósitos aderentes e uniformes depende de um tratamento adequado da superfície do metal base. Isto é particularmente importante para banhos ácidos, que não têm propriedades detergentes como os alcalinos.

NIQUELAÇÃO

O níquel foi um dos primeiros metais depositados galvanicamente. Em 1841, De Ruolz experimentou depositar o níquel a partir de soluções salinas, mas não obteve êxito, uma vez que os sais empregados não tinham a pureza necessária. As primeiras camadas do níquel que puderam ser aproveitadas foram obtidas por Doettger em Frankfurt, nos anos de 1842/43, através da eletrodeposição de uma solução de sulfato de níquel amoniacal.

O passo mais importante foi dado em 1916 por O. P. Watts, introduzindo o eletrólito de alto rendimento, cujo princípio é válido ainda hoje. O níquel é um material protetor muito importante, devido às suas propriedades físicas e químicas, e talvez seja, atualmente, o metal mais importante no campo da galvanoplastia. Sua cor é prateado-clara, com alta resistência aos ataques químicos. Soluções diluídas de ácidos, bases (com exceção do amoníaco) e água praticamente não atacam o níquel. Pelo contrário, o níquel é notadamente atacado pelo ácido nítrico, amoníaco, ácido clorídrico concentrado, bem como por algumas soluções salinas, tais como persulfato de amônia, cianeto de sódio etc.

O níquel eletrodepositado tem diversas propriedades que dependem das condições de deposição e da composição do eletrólito.

NIQUELAÇÃO FOSCA

Os campos de aplicação da niquelação fosca são limitados. É usado ultimamente em maior quantidade na indústria óptica e automobilística para o tratamento de peças internas, que muitas vezes não devem refletir a luz. Também é usada na tecnologia dos eletrolisadores de água no qual os ânodos são chapas de aço recobertas por níquel fosco; nesse caso, o níquel fosco apresenta-se como um catalisador para a reação de desprendimento de oxigênio.

NIQUELAÇÃO BRILHANTE

A niquelação brilhante praticamente terminou com a niquelação fosca usada antigamente. Ela ocupa, sem nenhuma dúvida, o maior espaço na área de eletrodeposição. Pode ser feita com o uso do banho de Watts, acrescido de um abrilhantador: 310 g/L de sulfato de níquel, 50 g/L de cloreto de níquel e 40 g/L de ácido bórico. Os abrilhantadores são sulfonamidas, ácidos benzolsulfônicos, sulfínicos, sulfonados arilsulfônicos etc. e cumprem a função de dar o aspecto brilhante ao eletrodepósito. O banho de Watts sem o abrilhantador fornece uma niquelação fosca.

5.4.2 Extração de Metais

A extração eletroquímica de metais a partir de seus minérios naturais pode ser feita tanto em meio aquoso quanto em sais fundidos. Quando o meio aquoso é empregado, usualmente o minério que contém sulfetos metálicos é tratado termicamente para formar um óxido que em seguida torna-se solúvel por tratamento ácido (ácido sulfúrico):

$$MO + H_2SO_4 \rightarrow MSO_4 + H_2O \quad , \tag{5.18}$$

sendo a solução resultante purificada e em alguns casos concentrada antes de ser colocada no eletrolisador. Quando o processo em sais fundidos é aplicado, o minério do metal é previamente purificado e, em seguida, fundido na forma pura ou dissolvido em um outro sal para abaixar a temperatura de operação do eletrolisador. Vamos ilustrar cada um dos casos acima com exemplos específicos, já que não é possível generalizar um procedimento para todas as situações.

PRODUÇÃO DE ZINCO

A produção de zinco metálico é o segundo caso mais importante do uso do método eletroquímico na produção de metais depois do alumínio que será discutido em seguida. Entretanto, deve-se mencionar que 50% do zinco metálico é produzido por redução química do seu óxido, utilizando carbono como agente redutor.

No método eletroquímico, o material de partida é uma mistura rica em óxido de zinco que foi produzida por tratamento térmico do minério. Este material é dissolvido em ácido sulfúrico 10% e a solução é purificada até que o nível de impurezas correspondentes a outros íons metálicos eletroativos seja inferior a 1 mg/L. Uma das principais impurezas removidas é o ferro, que se consegue por oxidação por ar atmosférico dos íons ferrosos a íons férricos que formam um precipitado. Outros íons metálicos são extraídos e utilizados na produção dos correspondentes metais: cádmio, cobre, cobalto, ouro, prata, chumbo etc., cujos teores no minério vão depender de sua origem. Impurezas como sódio, magnésio, manganês e outros metais não precisam ser removidas, uma vez que não são ativas eletroquimicamente no potencial de deposição do zinco.

A eletrólise da solução resultante que contém 100-200 g/L de zinco é feita em células com eletrólito circulante formadas por tanques de concreto e empregando-se ânodos de prata/chumbo e cátodos de alumínio a uma densidade de corrente de aproximadamente 30 mA/cm^2. Na saída da bateria de tanques a concentração cai a cerca de 1/3 da inicial, sendo este material reciclado após a reincorporação de matéria-prima. A voltagem entre os eletrodos em uma célula unitária é de cerca de 3,5 V e a temperatura (35° C) é mantida com auxílio de sistemas de refrigeração adequados.

PRODUÇÃO DE ALUMÍNIO

Três etapas são essenciais para a produção de alumínio metálico:

a. Mineração da bauxita.
b. Remoção da alumina (Al_2O_3).
c. Redução a alumínio metálico.

O minério natural que contém cerca de 50% de Al_2O_3 é tratado com uma solução de soda cáustica sob pressão para dissolver este produto na forma de aluminato e eliminar as impurezas insolúveis:

$$Al_2O_3.3H_2O + 2NaOH \rightarrow 2NaAlO_2 + 4H_2O \tag{5.19}$$

O aluminato de sódio é recristalizado em diversos ciclos, sendo o sólido depois calcinado a uma temperatura superior a 1 200° C, gerando um produto (Al_2O_3) com pureza superior a 99%.

O óxido (alumina) é reduzido eletroquimicamente a alumínio utilizando como eletrólito a criolita fundida (Na_3AlF_6). O desenho esquemático do eletrolisador é apresentado na Figura 5.6. Um tanque de aço é forrado com um material isolante que é recoberto internamente com carbono, atuando como contato elétrico para o cátodo de alumínio metálico fundido. Os ânodos são formados por barras de carbono colocados através da abertura superior que durante a operação é fechada por uma crosta de criolita e alumina solidificadas. No interior do reator, a temperatura é da ordem de 950° C. A reação global do eletrolisador é:

$$2Al_2O_3 + 3C \rightarrow 4Al + 3CO_2 \tag{5.20}$$

Teoricamente, a voltagem de operação de uma célula é cerca de 1,7 V, porém devido principalmente à resistência ôhmica do eletrólito e demais condutores o valor situa-se próximo a 4,5 V com o eletrolisador funcionando em densidades de corrente de 0,5-1 A/cm^2. A concentração inicial de alumina no eletrólito é cerca de 5%. Este valor vai decrescendo ao longo da eletrólise sendo que, quando a concentração atinge aproximadamente 1%, ocorre uma abrupta mudança na voltagem de operação, atingindo valores superiores a 30 V. Quando isto acontece, a crosta superior de eletrólito é quebrada e o sistema realimentado com a adição de mais alumina. A cada um ou dois dias, o alumínio fundido contido no fundo do tanque é escoado e recolhido, deixando-se uma pequena quantidade de modo a evitar a exposição direta do carbono ao meio eletrolítico.

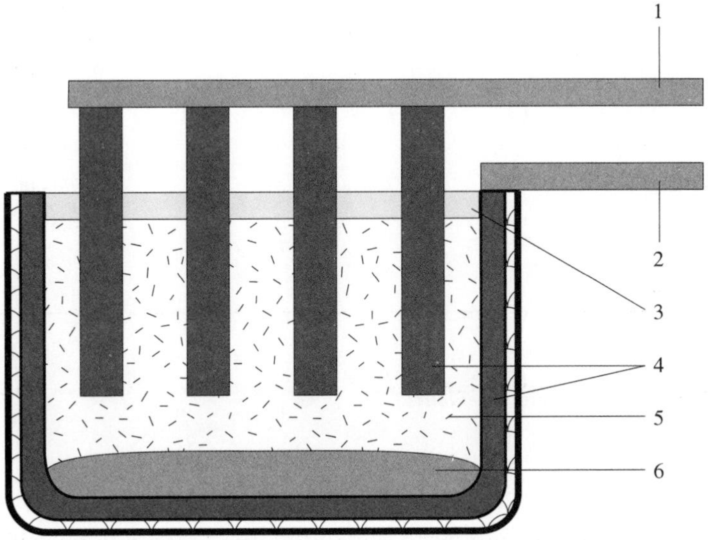

Figura 5.6 Esquema da célula empregada para produção industrial de alumínio: (1) distribuidor de corrente para o ânodo; (2) distribuidor de corrente para o cátodo; (3) crosta de criolita e alumina solidificadas; (4) grafite; (5) eletrólito — alumina dissolvida em criolita; (6) alumínio líquido produzido no cátodo.

OUTROS METAIS

Outros metais produzidos eletroliticamente são:

a. Em meio aquoso: cobre, cobalto, níquel, cádmio, cromo, manganês, gálio, tálio e índio.
b. Em sais fundidos: magnésio, titânio, nióbio, tântalo, lítio, berílio, boro, metais de terras raras etc.

Na Tabela 5.1 apresenta-se um quadro do nível da produção de alguns destes metais empregando o método eletroquímico, para mostrar a importância econômica destes processos.

Tabela 5.1 Quadro ilustrativo da produção industrial aproximada de vários metais (em toneladas) nos anos de 1993/1994.

Metal	Produção no Brasil	Produção mundial
Alumínio	1.200.000	20.000.000
Berílio	34	330
Cromo	430.000	9.300.000
Cobre	—	9.400.000
Lítio	32	5.600
Magnésio	10.000	280.000
Manganês(minério)	730.000	7.200.000
Níquel	23.700	900.000
Titânio	—	100.000
Zinco	—	6.800.000

5.4.3 Eletrorrefino de Metais

No eletrorrefino de metais, um ânodo formado pelo metal impuro é corroído, enquanto o material purificado é depositado no cátodo. A maioria destes processos é feita em meio aquoso, porém em alguns casos também se utilizam sais fundidos. Em qualquer um desses procedimentos, o objetivo é obter metais com alta pureza que são necessários em inúmeras aplicações práticas. Exemplos comuns de aplicação do eletrorrefino são a purificação do cobre, níquel, cobalto, chumbo, prata, ouro, alumínio, plutônio, berílio, nióbio, titânio, vanádio, zircônio, tungstênio, molibdênio, urânio etc. O esquema genérico da célula empregada em processos que utilizam meios aquosos é análogo àquele apresentado para a eletrodeposição, apresentado na Figura 5.5.

Exemplificando, considere o caso do alumínio. A célula empregada utiliza princípios equivalentes aos da eletroformação do metal descrita na seção 5.4.2 deste capítulo. Neste caso, o ânodo é formado por uma mistura de alumínio e cobre na qual se adiciona uma pequena quantidade de silício para diminuir o ponto de fusão. O eletrólito é uma mistura de fluoretos de bário, sódio e alumínio que contém também o agente ativo Al_2O_3. O alumínio puro é depositado em uma cama de grafite de onde é periodicamente escoado. O alumínio produzido desta forma apresenta um nível de pureza superior a 99,9%, podendo atingir até 99,999%, dependendo do grau de sofisticação do reator empregado e da pureza do material de partida.

5.5 PROCESSOS ELETROQUÍMICOS INDUSTRIAIS ENVOLVENDO SUBSTÂNCIAS ORGÂNICAS

Talvez o processo eletroquímico industrial mais importante envolvendo substância orgânica seja a produção de adiponitrila ($NC(CH_2)_4CN$), um intermediário na produção de Nylon 66. O Nylon 66 é obtido a partir de uma outra unidade monomérica formada pela reação de ácido adípico com hexametilenodiamina, a última é obtida pela hidrogenação de adiponitrila.

Para ilustrar a complexidade do processo, na Figura 5.7 apresenta-se o esquema de uma planta industrial destinada à produção de adiponitrila a partir da acrilonitrila. Cátodos e ânodos de chumbo são empregados na célula e os compartimentos catódico e anódico são separados por uma membrana de troca iônica. O eletrólito no compartimento anódico é formado por um ácido mineral, enquanto o eletrólito do compartimento catódico contém uma solução aquosa de acrilonitrila e um sal de amônio quaternário que confere a condutividade eletrolítica e aumenta a solubilidade da acrilonitrila. A adiponitrila é formada pela redução da acrilonitrila seguida da hidrodimerização do intermediário orgânico

$$2\,CH_2 = CHCN + 2\,H_2O + 2e^- \rightarrow NC(CH_2)_4CN + 2\,OH^- \qquad (5.21)$$

sendo a solução catódica reciclada e o produto removido fora da célula. No ânodo ocorre a reação de oxidação da água:

$$H_2O \rightarrow 2H^+ + 1/2\ O_2 + 2e^- \ . \qquad (5.22)$$

Portanto a reação total é expressa por:

$$2\ CH_2 = CHCN + H_2O \rightarrow NC(CH_2)_4CN + 1/2O_2 \ . \qquad (5.23)$$

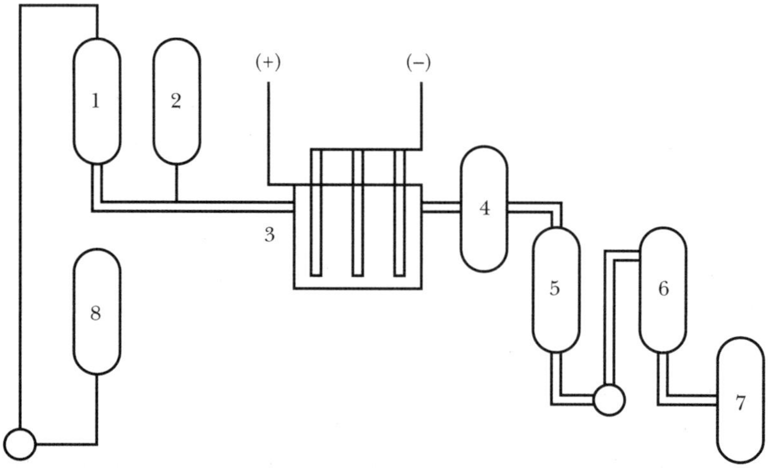

Figura 5.7 Esquema de uma planta de eletrólise utilizada na produção de adiponitrila a partir da redução de acrilonitrila: (1) reservatório de eletrólito; (2) reservatório de acrilonitrila; (3) célula eletrolítica; (4) separador de adiponitrila; (5) adiponitrila impura; (6) purificador; (7) adiponitrila; (8) recirculador de eletrólito.

A produção eletrolítica de adiponitrila tem sido empregada no Brasil pela Monsanto e pela Rhodia e no exterior, pela Monsanto (EUA, França), Asahi (Japão), BASF (Alemanha) e UCB (Alemanha) etc. Para ilustrar o nível de produção industrial, pode-se mencionar que nos EUA são produzidas mais de 1 milhão de toneladas por ano de Nylon 66.

A produção eletrolítica de tetra-alquil chumbo, que era um aditivo antidetonante adicionado à gasolina, já teve também alguma importância. Na década de 60, o nível de produção de tetra-metil e tetra-etil chumbo era da ordem de 100 mil toneladas por ano, porém, ultimamente, a utilização do produto tem sido abolida devido à sua toxicidade. Outros processos orgânicos de interesse industrial são:

a. A produção de metiletilcetona (solvente de tintas acrílicas) a partir da oxidação de uma mistura de 1– e 2-n-buteno.
b. A produção de óxido de propileno (utilizado na fabricação de plásticos) a partir da oxidação de propileno.
c. A produção de sorbitol e manitol (utilizados na fabricação de remédios) por oxidação da glucose e da manose, respectivamente.
d. A produção de benzidina (utilizada na produção de corantes) por redução de nitrobenzeno em meio fortemente alcalino etc.

5.6 OUTROS PROCESSOS ELETROQUÍMICOS DE INTERESSE PRÁTICO

Existem ainda um grande número de outros processos eletroquímicos de aplicação industrial além dos processos já referidos neste capítulo. Para citar alguns exemplos, pode-se mencionar:

a. A produção de flúor elementar a partir da oxidação do íon fluoreto.
b. A fluoração de compostos orgânicos que ocorre após a oxidação do fluoreto na presença da substância orgânica.
c. Processos de maquinado eletroquímico através do qual uma peça é fabricada por desgaste da matéria-prima em zonas específicas, de acordo com projeto pré-estabelecido.
d. O recobrimento de superfícies metálicas por óxidos que ocorre por anodização do metal de base.
e. A eletrodeposição de tintas.
f. A eletrodiálise etc.

Dentre os exemplos apresentados, a eletrodiálise é o único processo eletroquímico no qual as reações eletródicas não constituem a base essencial. Ela está fundamentada no transporte iônico através de membranas seletivas a íons promovido pela passagem de corrente elétrica.

Na Figura 5.8 apresenta-se um esquema de uma célula de eletrodiálise empregada na dessalinização de água salobra (que contém alta concentração de cloreto de sódio, como é o caso de muitas fontes de águas naturais no Nordeste brasileiro). Na prática, várias destas unidades são conectadas em série por meio de uma configuração filtro-prensa análoga à que foi descrita para os eletrolisadores de água (seção 5.2 deste capítulo).

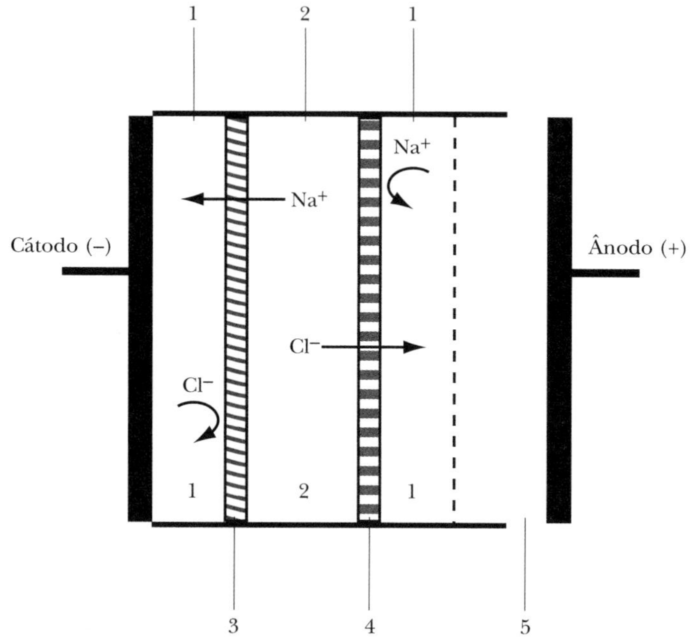

Figura 5.8 Esquema da célula utilizada em sistemas de eletrodiálise: (1) solução salina concentrada; (2) solução salina diluída; (3) membrana seletiva a cátions; (4) membrana seletiva a ânions; (5) repetição das unidades 1 e 2.

Quando se aplica uma corrente elétrica, os íons se movimentam na solução para compensar as cargas elétricas geradas nos eletrodos. No exemplo apresentado na Figura 5.8, o compartimento central é separado dos outros dois por uma membrana seletiva a ânions de um lado, e por uma membrana seletiva a cátions, de outro. De acordo com o fluxo de corrente, os íons sódio migram em direção ao cátodo, atravessando a membrana seletiva ao cátion, enquanto que o cloreto migra em direção ao ânodo atravessando a membrana seletiva ao ânion. Como as membranas impedem a entrada destes íons que tenderiam a sair dos compartimentos laterais induzidos pelo fluxo de corrente, o efeito líquido será uma diluição do eletrólito contido no compartimento central. Assim, em uma célula de fluxo contínuo a solução que sai do compartimento central terá uma concentração salina inferior à de entrada.

Finalmente, é necessário lembrar que inúmeros outros processos eletroquímicos são utilizados na produção de intermediários necessários ao processo industrial total. Assim, não são sequer mencionados quando se faz referência ao processo global.

Sugestões para Leitura Adicional

ATKINS, P. W. *Physical Chemistry*. New York, W. H. Freeman and Company, 1986.

BAIZER, M. M. & LUND, H. *Organic Electrochemistry: An Introduction and a Guide*. New York, Marcel Dekker, 1991.

BARD, A. J. & FAULKNER, L. R. *Electrochemical Methods — Fundamentals and Applications*. Chichester, Wiley, 1980.

BOCKRIS, J. O'M. & SRINIVASAN, S. *Fuel Cells: Their Electrochemistry*. New York, McGraw-Hill, 1969.

BOCKIS, J. O'M. & DRAZIC, D. M. *Electrochemical Science*. London, Taylor & Francis, 1972.

BOCKIS, J. O'M. & REDDY, A. K. N. *Modern Electrochemistry*. New York, Plenum Press, 1977, vols. 1 e 2.

BOCKIS, J. O'M. & KHAN, S. U. M. *Surface Electrochemistry: A Molecular Level Approach*. New York, Plenum, 1993.

BRETT, C. M. A. & OLIVEIRA, A. M. *Electrochemistry: Principle, Methods and Applications*. Oxford, Oxford University Press, 1993 (versão em português: *Eletroquímica: Princípios, Métodos e Aplicações*. Coimbra, Livraria Almedina, 1996).

CASTELLAN, G. W. *Físico-Química*. Rio de Janeiro, Livros Técnicos e Científicos, 1972.

CHRISTENSEN, P. A. & HAMMETT, A. *Techniques and Mechanisms in Electrochemistry*. London, Chapman and Hall, 1994.

CROW, D. R. *Principles and Applications of Electrochemistry*. London, Chapman and Hall, 1989.

DAMASKIN, B. B.; O. A. PETRII & BATRAKOV, V. V. *Adsorption of Organic Compounds*. New York, Plenum Press, 1971.

DAMASKIN, B. B. & PETRII, O. A. *Fundamentos da Eletroquímica Teórica*. Moscou, Editora MIR, 1981.

DELAHAY, P. *Double Layer and Electrode Kinetics*. New York, Wiley Interscience, 1965.

DENARO, A. R. *Fundamentos de Eletroquímica*. São Paulo, Edgar Blucher, 1974.

FRY, A. J. *Synthetic Organic Electrochemistry*. New York, Harper & Row, 1989.

GIBBONS, D. W. & PILLARY, G. *J. Electrochem. Soc.*, vol. 142, p. 3 597, 1995.

GILEADI, E.; KIROWA-EISNER, E. & PENCINER, J. *Interfacial Eletrochemistry*. Reading, Addison-Wesley, 1975.

KORYTA, J. & DVORAK, J. *Principles of Eletrochemistry*. Chichester, Wiley, 1987.

KUHN, A. T. *Industrial Electrochemical Processes*. New York, Elsevier Publishing Company, 1971.

(a) LEVY, S. C. & FIORINO, M. E.; (b) BENNET, P. D.; BULLOCK, K. R. & FIORINO, M. E.; (c) MEGAHED, S. & SCROSATI, B.; (d) BRO, P. *Interface*. vol. 4, pp. 25, 26, 34, 42, 1995.

MANTELL, C. L. *Electrochemical Engineering*. New York, McGraw-Hill, 1960.

MOORE, W. J. *Físico-Química*. São Paulo, Edgar Blucher/Edusp, 1976.

PLETCHER, D. & WALSH, F. C. *Industrial Electrochemistry*. London, Chapman and Hall, 1990.

SOUTHHAMPTON ELECTROCHEMISTRY GROUP. *Instrumental Methods in Electrochemistry*. Chichester, Ellis Horwood, 1985.

UHLIG, H. H. *Corrosion and Corrosion Control*. New York, John Wiley, 1985.

VIELSTICH, W. *Fuel Cells*. Bristol, Wiley Interscience, 1970.

SOBRE OS AUTORES

Edson Antonio Ticianelli é professor livre-docente do Departamento de Físico-Química do Instituto de Química de São Carlos da Universidade de São Paulo. Entre 1986 e 1990 realizou estágio de pós-doutoramento no Los Alamos National Laboratory e na Texas A&M University, Estados Unidos. Possui cerca de 40 trabalhos publicados em revistas científicas com árbitro. Suas principais linhas de pesquisa estão relacionadas com a preparação, caracterização e modelagem de eletrodos de difusão de gás; desenvolvimento e caracterização de materiais eletrocatalisadores dispersos; estudos eletroquímicos em polímeros condutores eletrônicos e iônicos; e caracterização físico-química de filmes eletródicos através de elipsometria.

Ernesto Rafael Gonzalez é professor titular do Departamento de Físico-Química do Instituto de Química de São Carlos da Universidade de São Paulo e diretor do IQSC. Já realizou diversos estágios científicos no exterior, incluindo centros de pesquisa na Inglaterra, Estados Unidos e França. Possui cerca de 100 trabalhos publicados em revistas científicas com árbitro. Suas principais linhas de pesquisa estão relacionadas com a preparação e caracterização de componentes de células a combustível; desenvolvimento e caracterização de materiais eletrocatalisadores para as reações das células a combustível e eletrolisadores de água; estudo da estrutura e propriedades da dupla camada elétrica; e caos em processos eletroquímicos.

Acadêmica

1. *Chordata: Manual para um Curso Prático*
   Elizabeth Höfling e outros
2. *O Renascimento*
   Teresa Aline Pereira de Queiroz
3. *Princípios de Eletrodinâmica Clássica*
   Josif Frenkel
4. *Laboratório de Virologia: Manual Técnico*
   José Alberto Neves Candeias
5. *Controle Robusto Multivariável: Módulo LQG/LTR*
   José Jaime da Cruz
6. *Jornalismo Econômico*
   Bernardo Kucinski
7. *Introdução à Biologia Vegetal*
   Eurico Cabral de Oliveira
8. *Mecânica Clássica Moderna*
   Walter F. Wreszinski
9. *Introdução à Física Estatística*
   Sílvio R. A. Salinas
10. *Probabilidade: Um Curso Introdutório*
    Carlos A. B. Dantas
11. *Modelagem e Simulação de Processos Industriais e de Sistemas Eletromecânicos*
    Claudio Garcia
12. *Cronobiologia: Princípios e Aplicações*
    Nelson Marques e Luiz Menna-Barreto (orgs.)
13. *Estudos de Morbidade*
    Maria Lúcia Lebrão
14. *Preparos Cavitários para Amálgama e Resina Composta*
    André Luiz Baracchini Centola e outros
15. *A Identidade e a Diferença*
    Edward Lopes
16. *Literatura Comparada*
    Sandra Nitrini
17. *Eletroquímica: Princípios e Aplicações*
    Edson A. Ticianelli e Ernesto R. Gonzalez
18. *Amostragem Probabilística*
    Nilza Nunes da Silva
19. *Pensando a Educação nos Tempos Modernos*
    Maria Lucia Spedo Hilsdorf
20. *Números: Uma Introdução à Matemática*
    César Polcino Milies e Sônia Pitta Coelho
21. *Arquiteturas no Brasil (1900-1990)*
    Hugo Segawa

22. *Distribuição de Renda: Medidas de Desigualdade e Pobreza*
Rodolfo Hoffmann

23. *Ondas e Ondaletas: Da Análise de Fourier à Análise de Ondaletas*
Pedro A. Morettin

24. *Introdução à Estrutura e Evolução Estelar*
Walter J. Maciel

25. *Região e Geografia*
Sandra Lencioni

26. *Museus Acolhem Moderno*
Maria Cecília França Lourenço

27. *Energia Elétrica para o Desenvolvimento Sustentável*
Lineu Belico dos Reis e Semida Silveira (orgs.)

28. *Astronomia: Uma Visão Geral do Universo*
Amâncio C. S. Friaça, Elisabete Dal Pino, Laerte Sodré Jr. e Vera Jatenco-Pereira (orgs.)

29. *Manual Prático de Microbiologia Básica*
Rogério Lacaz-Ruiz

30. *Técnicas Computacionais para Dinâmica dos Fluidos*
Armando de Oliveira Fortuna

31. *Os Significados Urbanos*
Lucrécia d'Alessio Ferrara

32. *Ética em Computação*
Paulo Cesar Masiero

33. *Patologias Cardíacas da Gestação*
Januário de Andrade (org.)

34. *Um Curso de Álgebra Linear*
Flávio Ulhoa Coelho e Mary Lilian Lourenço

35. *Dinâmica Estocástica e Irreversibilidade*
Tânia Tomé e Mário José de Oliveira

36. *Novos Instrumentos de Gestão Ambiental Urbana*
Heliana Comin Vargas e Helena Ribeiro (orgs.)

37. *Gestão de Serviços de Saúde: Descentralização/Municipalização do SUS*
Márcia Faria Westphal e Eurico Sampaio de Almeida (orgs.)

38. *Avaliação e Classificação de Reservas Minerais*
Jorge Kazuo Yamamoto

39. *Teoria Quântica dos Campos*
Marcelo Otavio Caminha Gomes

40. *Noções de Probabilidade e Estatística*
Marcos Nascimento Magalhães e Antonio Carlos Pedroso de Lima

41. *Astrofísica do Meio Interestelar*
Walter J. Maciel

42. *Princípios de Oceanografia Física de Estuários*
Luiz Bruner de Miranda, Belmiro Mendes de Castro e Björn Kjerfve

43. *Gravidez & Nascimento*
Maria Delizete Bentivegna Spallicci, Maria Teresa Zulini da Costa e Marta Maria Melleiro (orgs.)

44. *O Discurso Ficcional na TV: Sedução e Sonho em Doses Homeopáticas*
Anna Maria Balogh

45. *Do Léxico ao Discurso pela Informática*
Zilda Maria Zapparoli e André Camlong (Série Lingüística e Informática 1)

46. *Petrologia Metamórfica: Fundamentos para a Interpretação de Diagramas de Fase*
Maria Angela Fornoni Candia, Gergely Andres Julio Szabó e Eliane Aparecida Del Lama

47. *Cartografia Temática: Cadernos de Mapas*
Marcello Martinelli

48. *Método de Elementos Finitos em Análise de Estruturas*
Humberto Lima Soriano

49. *Técnicas Eletroquímicas em Corrosão*
Stephan Wolynec

50. *Termodinâmica*
Walter F. Wreszinski

51. *Mecânica Quântica*
A. F. R. de Toledo Piza

52. *Transitórios Eletromagnéticos em Sistemas de Potência*
Luiz Cera Zanetta Júnior

53. *Fundamentos de Química Experimental*
Maurício Gomes Constantino, Gil Valdo José da Silva e Paulo Marcos Donate

54. *Curso Básico de Terminologia*
Lidia Almeida Barros

55. *Macroeconomia Aplicada à Análise da Economia Brasileira*
Carlos José Caetano Bacha

56. *Descobrindo o Universo*
Sueli M. M. Viegas e Fabíola de Oliveira (orgs.)

57. *Árabe e Português: Fonologia Contrastiva com Aplicação de Tecnologias Informatizadas*
Safa Abou Chahla Jubran

58. *Iniciação a Conceitos de Sistemas Energéticos para o Desenvolvimento Limpo*
José Aquiles B. Grimoni, Luiz Cláudio R. Galvão e Miguel Edgar M. Udaeta (orgs.)

59. *Introdução à Cosmologia*
Ronaldo E. de Souza

60. *Hidrodinâmica e Ventos Estelares: Uma Introdução*
Walter J. Maciel

61. *Dinâmica da Água no Solo*
Paulo Leonel Libardi

62. *Atlas de Ressonância Magnética*
Paula Ricci Arantes, Álvaro Cebrian de Almeida Magalhães, Jackson Cioni Bittencourt

63. *Manual de Conservação Preventiva de Documentos: Papel e Filme*
SAUSP

64. *Conceitos Básicos de Epidemiologia Molecular*
Oswaldo Paulo Forattini

65. *Prevenção de Cárie Dentária e Doença Periodontal em Pacientes sob Tratamento Ortodôntico*
José Roberto de Magalhães Bastos, José Fernando Castanha Henriques e Kelly Polido Kaneshiro Olympio

66. *Uma Introdução à Equação de Boltzmann*
Gilberto Medeiros Kremer

67. *Introdução à Mecânica Clássica*
Artur O. Lopes

68. *Capela Saudável: Gestão de Políticas Públicas Integradas e Participativas*
Marcia Faria Westphal e Tadeu Dias Pais (orgs.)

69. *Um Poeta, um Matemático, um Físico: Três Ensaios Biográficos por Henri Poincaré*
Jorge Sotomayor

70. *Cálculo em uma Variável Real*
Plácido Zoega Táboas

71. *Introdução à Estilística*
Nilce Sant'Anna Martins

72. *Energia, Meio Ambiente e Desenvolvimento*
José Goldemberg e Oswaldo Lucon

73. *A Força Elétrica de uma Corrente*
André Koch Torres Assis e Júlio Akashi Hernandes

74. *Magnetismo e Ressonância Magnética em Sólidos*
Alberto Passos Guimarães

75. *Fundamentos e Introdução à Cadeia Produtiva do Gás Natural*
Miguel Edgar Morales Udaeta *et al.*

76. *Bioestatística em Outras Palavras*
Júlio C. R. Pereira

77. *Substâncias Orgânicas: Estrutura e Propriedades*
Nidia Franca Roque

78. *Simulação Computacional de Circuitos Elétricos*
Luiz de Queiroz Orsini

79. *Química Medicinal: Métodos e Fundamentos em Planejamento de Fármacos*
Carlos A. Montanari

80. *Fisiologia e Patofisiologia da Regulação da Temperatura*
Clark M. Blatteis (org.)

81. *Desnutrição, Pobreza e Sofrimento Psíquico*
Ana Lydia Sawaya, Anna Peliano, Gisela Maria Bernardes Solymos, Mariangela Belfiore Wanderley e Semíramis Martins Álvares Domene (orgs.)

82. *Forma e Uso dos Verbos em Hebraico*
Dora Fraiman Blatyta

83. *Indivíduo, Sociedade e Língua*
Maria Célia Lima-Hernandes

Título	*Eletroquímica: Princípios e Aplicações*
Autores	Edson A. Ticianelli
	Ernesto R. Gonzalez
Produção	Ana Lúcia Novais
	Cristiane Silvestrin
Projeto Gráfico	Plinio Martins Filho
Capa	Lygia Eluf
Editoração Eletrônica	Ponto & Linha
Editoração de Texto	Alice Kyoko Miyashiro
Revisão de Texto	Myrian Kobayashi Yamamoto
	Tania Mano Maeta
Ilustrações	Ponto & Linha
Divulgação	Regina Brandão
	Cinzia de Araujo
	João Argentin Neto
	Bárbara Côrtes
Secretaria Editorial	Eliane dos Santos
Formato	16 x 23 cm
Tipologia	New Baskerville 10/14
Papel	Certificado FSC® Cartão Supremo 250 g/m² (capa)
	Certificado FSC® Offset linha dágua 90 g/m² (miolo)
Número de Páginas	232
Tiragem	4 000
CTP, Impressão e Acabamento	Suprema Gráfica e Editora

FSC
www.fsc.org
MISTO
Papel produzido a partir de fontes responsáveis
FSC® C104909